U0215589

鲜切花材

贾军　朱瑾　黄洪峰　编著

中国林业出版社
China Forestry Publishing House

图书在版编目（CIP）数据

鲜切花材 / 贾军, 朱瑾, 黄洪峰编著.
– 北京 :中国林业出版社, 2019.2（2020.6 重印）

ISBN 978-7-5038-9941-6

Ⅰ. ①鲜… Ⅱ. ①贾… ②朱… ③黄…
Ⅲ. ①切花–观赏园艺 Ⅳ. ①S68

中国版本图书馆CIP数据核字(2019)第004214号

责任编辑： 印　芳
出版发行： 中国林业出版社（100009 北京西城区刘海胡同7号）
电　　话： 010-83143565
印　　刷： 固安县京平诚乾印刷有限公司
版　　次： 2019年2月第1版
印　　次： 2020年6月第2次印刷
开　　本： 889mm × 1194mm　1/20
印　　张： 11
字　　数： 450千字
定　　价： 98.00元

前言

PREFACE

鲜切花材是插花花艺的主体元素，它们不但外表看来形形色色，而且品性也大相径庭，只有了解它们、熟悉它们才能让花艺师们在创作中将它们运用得得心应手，才能让喜欢它们的人更好地欣赏到它们的美，更好地品味到插花花艺的独特魅力。因此，我们着力打造了这本《鲜切花材》，希望通过对每种花材的展开介绍，方便大家快捷地把握每种花材的特性，在应用上可以拓展思路。

为了更好地服务于花材在插花花艺创作中的实际应用，本书将鲜切花材分为团块花材、线形花材、散形花材、异形花材、果材、叶材、枝材共 7 个大类。本着严谨的治学态度，本书对于种名、拉丁学名、英文名的确定是以《中国植物志》、中国自然标本馆、维基百科为蓝本，并参考中国知网学术文献的应用实际而进行最终认定，一方面力求科学精准，便于记忆和归类，不造成歧义或混淆，一方面接近通俗大众，便于交流与讨论，不造成错位和困扰。如“切花月季”选取了学术界的通用词，既明确了月季的身份，又强调了它与庭园种植的月季花之间确实存在的差异；再如“草原龙胆”的定名则是为了避免“洋桔梗”一名同桔梗的联系（二者分属不同的科属）等。另外本书基本上是按“种”进行介绍的（因为要提供拉丁学名），同一种名的花材会由于采切部位的不同而分属不同类别，也会由于不同品种的株型效果而分属不同类别，故而有一种多处的现象，如“莲”就在团块花材和果材中皆有出现，“切花月季”在团块花材和散形花材中皆有出现。

本书能够顺利出版基于印芳编辑的鼎力相助与多方协调，在此特向她表示由衷的感谢。在部分种类的定名过程中曾得到东北林业大学王玲、岳桦两位教授的重要支持，在此也向她们表示由衷的感谢。并向在图片采集过程中付出辛勤劳动的方会娟和管远龙两位同志，以及美编刘临川同志表示感谢。此外还要向为本书出版提供了部分图片的赵凯峰、陈杰等几位同志表示感谢。一本专著的出版离不开各个环节的通力协作，我们由衷感谢为本书工作过的同志们。

虽精心呈现，也难免有所疏漏，欢迎大家批评指正，交流共勉！愿本书能够成为大家认识鲜切花材的良朋益友，助力于大家的插花花艺事业。

作者

2018年12月30日于靖怡轩

目录 CONTENTS

团块花材

线形花材

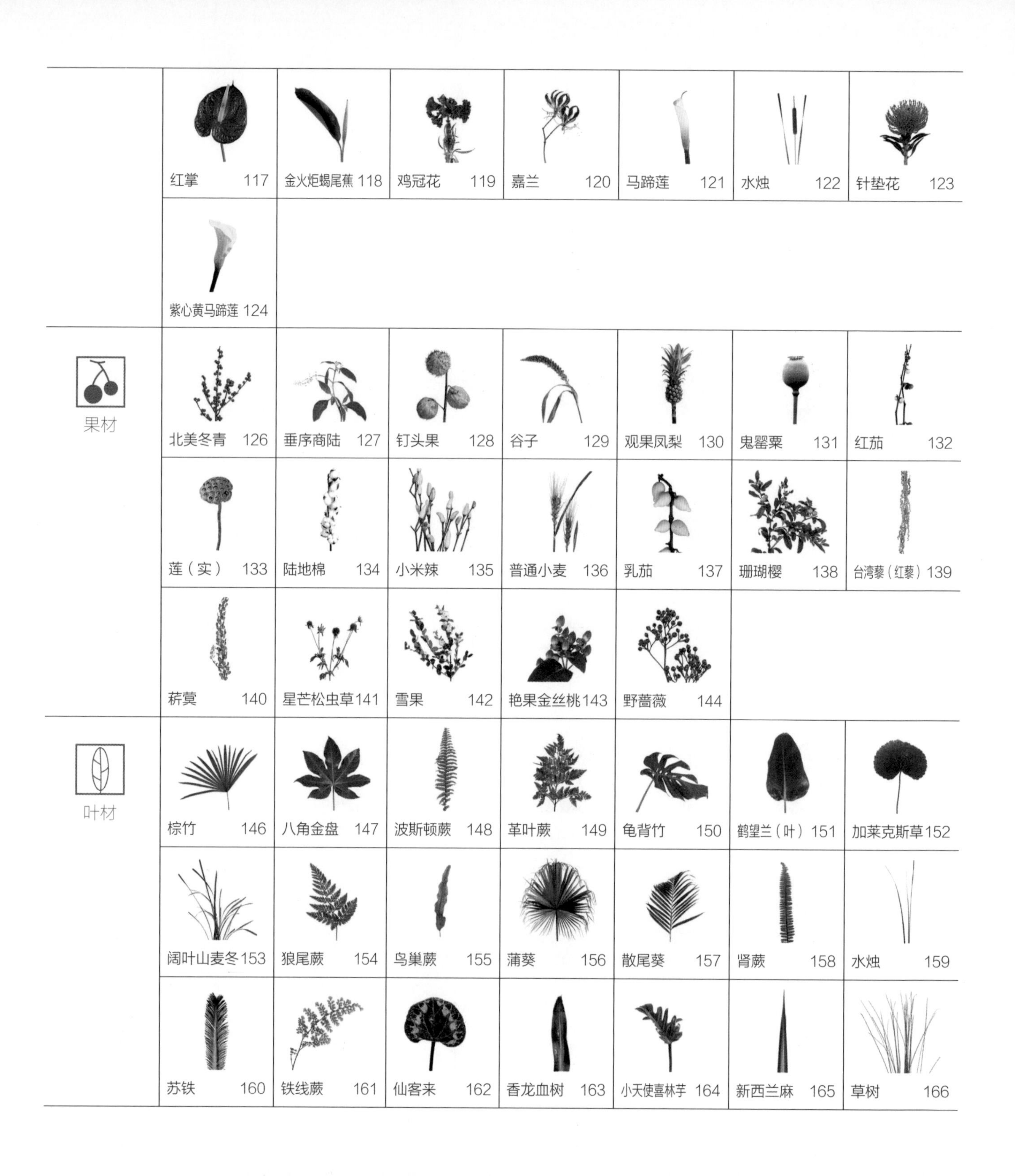

红掌 117
金火炬蝎尾蕉 118
鸡冠花 119
嘉兰 120
马蹄莲 121
水烛 122
针垫花 123
紫心黄马蹄莲 124
果材
北美冬青 126
垂序商陆 127
钉头果 128
谷子 129
观果凤梨 130
鬼罂粟 131
红茄 132
莲（实） 133
陆地棉 134
小米辣 135
普通小麦 136
乳茄 137
珊瑚樱 138
台湾藜（红藜）139
菥蓂 140
星芒松虫草 141
雪果 142
艳果金丝桃 143
野蔷薇 144
叶材
棕竹 146
八角金盘 147
波斯顿蕨 148
革叶蕨 149
龟背竹 150
鹤望兰（叶）151
加莱克斯草 152
阔叶山麦冬 153
狼尾蕨 154
鸟巢蕨 155
蒲葵 156
散尾葵 157
肾蕨 158
水烛 159
苏铁 160
铁线蕨 161
仙客来 162
香龙血树 163
小天使喜林芋 164
新西兰麻 165
草树 166

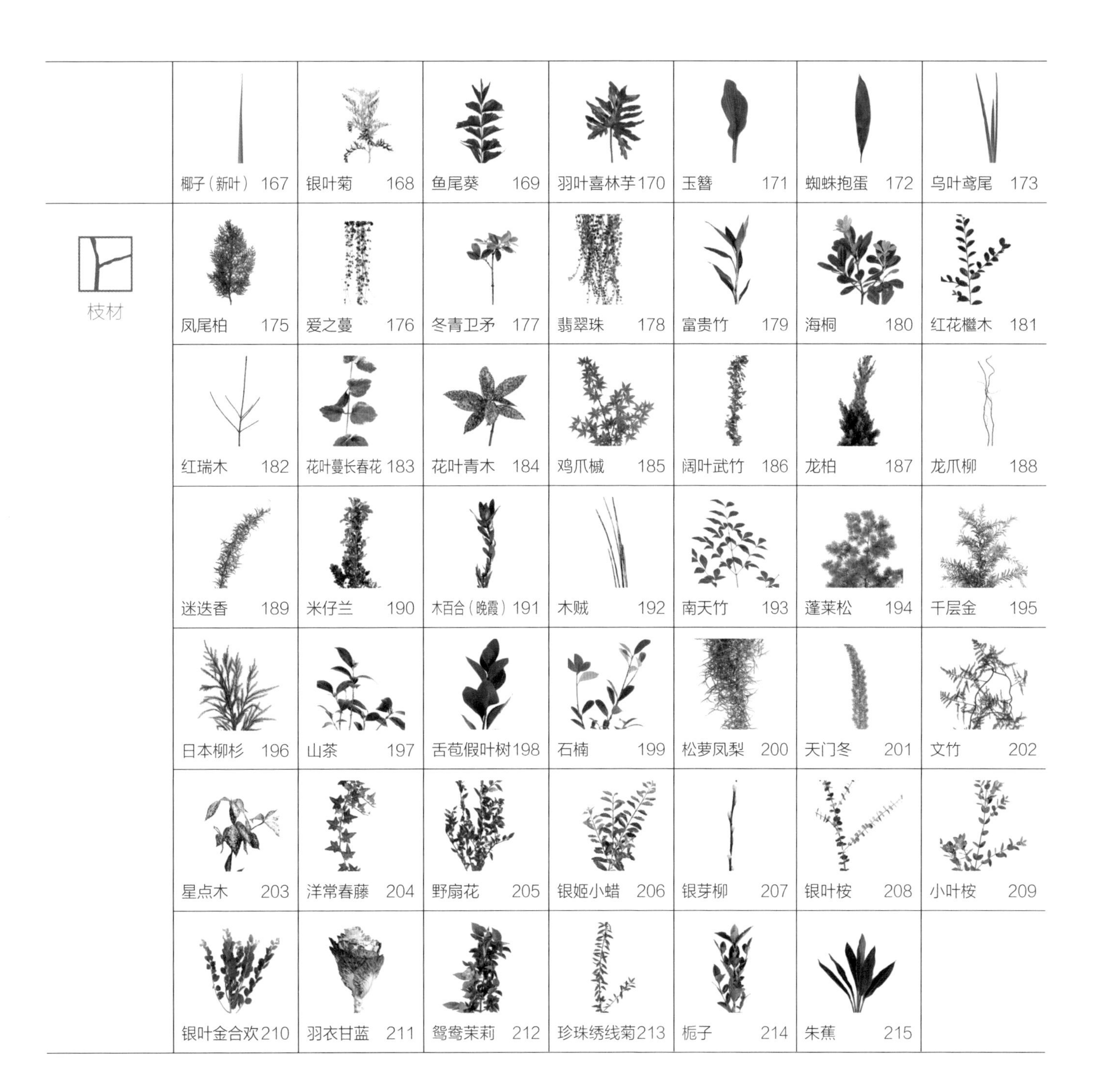
椰子（新叶） 167
银叶菊 168
鱼尾葵 169
羽叶喜林芋170
玉簪 171
蜘蛛抱蛋 172
乌叶鸢尾 173
枝材
凤尾柏 175
爱之蔓 176
冬青卫矛 177
翡翠珠 178
富贵竹 179
海桐 180
红花檵木 181
红瑞木 182
花叶蔓长春花 183
花叶青木 184
鸡爪槭 185
阔叶武竹 186
龙柏 187
龙爪柳 188
迷迭香 189
米仔兰 190
木百合（晚霞）191
木贼 192
南天竹 193
蓬莱松 194
千层金 195
日本柳杉 196
山茶 197
舌苞假叶树198
石楠 199
松萝凤梨 200
天门冬 201
文竹 202
星点木 203
洋常春藤 204
野扇花 205
银姬小蜡 206
银芽柳 207
银叶桉 208
小叶桉 209
银叶金合欢210
羽衣甘蓝 211
鸳鸯茉莉 212
珍珠绣线菊213
栀子 214
朱蕉 215

本书使用方法

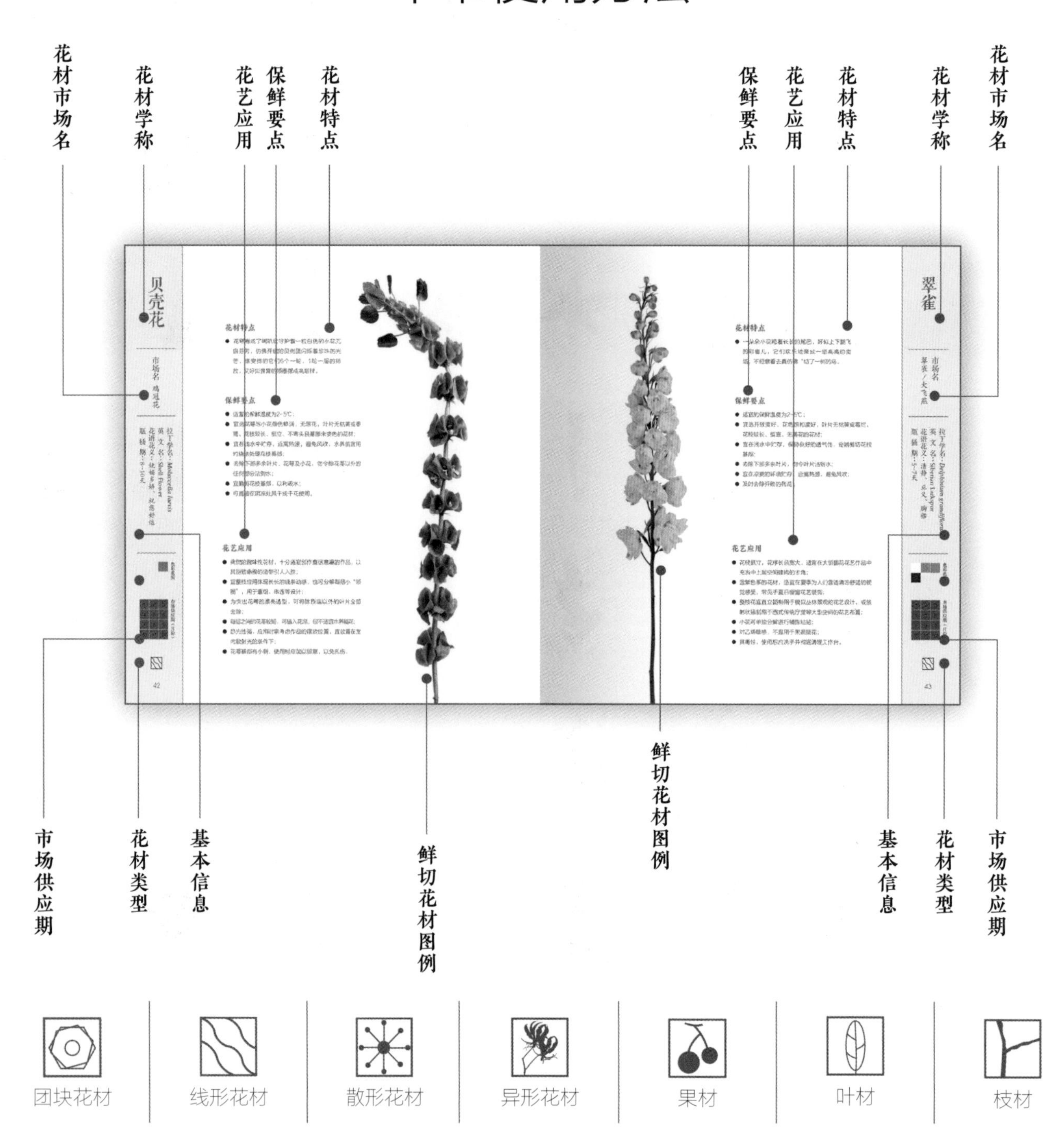
花材市场名
花材学称
花艺应用
保鲜要点
花材特点
保鲜要点
花艺应用
花材特点
花材学称
花材市场名
贝壳花
翠雀
鲜切花材图例
市场供应期
花材类型
基本信息
鲜切花材图例
基本信息
花材类型
市场供应期
团块花材
线形花材
散形花材
异形花材
果材
叶材
枝材

— 团块花材 —

即花型紧凑、规整，外形呈团块状的植物花朵类鲜切花素材，通常为体量感较强的单朵花如切花月季、香石竹等，或者为密满的花序如菊花、绣球等。这类花材的观赏特性突出表现在花形、花色的美感呈现上，在插花花艺作品中往往可以起到占据空间、汇聚视线、表现主题的作用，常用作造型的主体花或焦点花。

百合

市场名　百合

拉丁学名：*Lilium × hybridum*
英 文 名：Lily
花语花义：百年好合、庄严、荣誉
瓶 插 期：10-14天

色彩范围

市场供应期（月份）

花材特点

- 宽阔肉质的六片花瓣辐射对称地开放成一朵周正典雅的花冠，颀长的花柱昂首伫立，仿佛女王般环视着她的子民，喉部的斑点和凸起却如调皮的小精灵打破了气氛的庄严。

保鲜要点

- 适宜的保鲜温度为2-5℃；
- 宜选花苞膨大至微展瓣，叶片无病斑、枯梢，花枝直立、挺实、有弹性，且基部未褐变的花材；
- 去除下部叶片，勿令叶片沾到水；
- 宜在深水中贮存，保持一定的空气湿度；
- 及时摘除花药，以利保持花期；
- 为保证花苞正常开花，须补充一定的营养液。

花艺应用

- 完全开放的百合花冠过大，情致不佳，而半开的花型则收放有度，姿态优美，常用作焦点花；
- 美好的名字，总是令人想到和和美美、百年好合、白头偕老，尤其适于婚礼花艺设计；
- 较大的体量使之不宜安置于小型作品中，而宜选配缸、筒、篮等体型较大的容器；
- 百合花苞和未完全开放的百合会在吸饱水后完全打开，因此插花时须给这一类百合周围留下充足的开放空间；
- 馥郁的芳香往往一朵就能令一般的居室芬芳怡人，因此在家居花艺布置时一定要注意用量，通常一件作品中以2-3朵为宜；
- 如果花心完全裸露，令人一览无余则缺乏含蓄美，故而插制时往往取其略微侧向的表情呈现在主视面。

百日菊

市场名
百日草/步步高

拉丁学名：*Zinnia elegans*
英文名：Youth-and-age
花语花义：步步高、怀念友人
瓶插期：6–8天

花材特点

- 主枝顶端开放第一朵花后，侧枝顶端陆续开花，开得比第一朵更高，很有进取之势，因而得名“步步高”。

花艺应用

- 花色浓艳，寓意吉祥，十分适宜庆典花艺布置；
- 花枝高低错落，节奏感强，在写景式插花花艺创作中可利用其自然天趣营造空间层次；
- 花瓣自来干的特点，可为作品提供质感变化，丰富多样性；
- 外轮花瓣具有一定厚度，适宜分解进行粘贴，用于铺陈、层叠等设计；
- 极易脱水，适宜水养插花造型或插制花束。

保鲜要点

- 适宜的保鲜温度为2-5℃；
- 宜选花苞半开，叶色鲜绿，无黄叶、烂叶，花茎充实、挺直的花材；
- 宜在浅水中贮存，保持良好的透气性；
- 去除下部叶片，勿令叶片沾到水；
- 宜勤换水、勤剪根，并使用保鲜剂；
- 易染霉菌，宜及时去除旧花。

色彩范围

市场供应期（月份）

1	2	3
4	5	6
7	8	9
10	11	12

百子莲

市场名 百子莲

拉丁学名：*Agapanthus africanus*
英 文 名：African lily
花语花义：爱的讯息
瓶 插 期：7–14天

色彩范围

市场供应期（月份）

1	2	3
4	5	6
7	8	9
10	11	12

花材特点

- 花型大方优雅，花色清爽宁静，是近年来夏秋之际的花艺新宠，在希腊语中，有“爱之花”“爱情降临”的含义。

花艺应用

- 大花型的百子莲常作为瓶花或桌花的主花出现；
- 小花型的百子莲常用于花束和新娘手花的设计，体现别致、典雅的时尚感；
- 典型的夏季花材，冷凉的色调非常适宜夏日的花艺布置，给人清风送爽的感受；
- 较易脱水，更宜进行水养插花的造型；
- 小花是理想的压花素材。

保鲜要点

- 适宜的保鲜温度为1-5℃；
- 宜选花型整齐，花苞尚未开放，花色鲜亮，花莛粗壮挺实、有弹性的花材；
- 宜在深水中贮存，保持一定的空气湿度；
- 宜勤剪茎，并定期喷水以利补充水分；
- 宜适当补充营养液以利开花；
- 远离热源，避免风吹。

草原龙胆

市场名　洋桔梗

拉丁学名：*Eustoma grandiflorum*
英 文 名：Prairie gentian
花语花义：温暖可人
瓶 插 期：12–16天

色彩范围

市场供应期（月份）

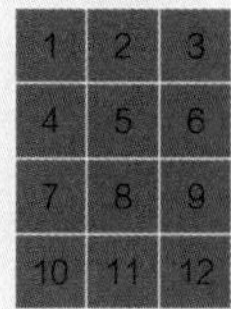

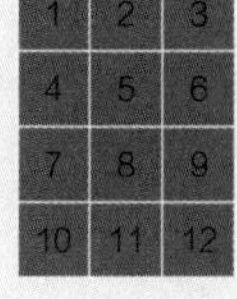

花材特点

- 花型自由飘逸，花姿清新高雅，花色丰富，有单瓣、重瓣、平瓣、皱瓣等多种类型，颇受年轻人喜爱。

花艺应用

- 花瓣层层叠若覆瓦状，形似月季，是婚礼花艺的常用花材；
- 相当多的蓝紫色系品种，可弥补鲜切花市场蓝紫色花材相对短缺的不足
- 需要表现花材的简洁感时，可将未开放的小花苞去除仅留大花；
- 需要表现花材的自然之美时，可适当保留未开放的小花苞，但应注意小花苞不宜过多，否则易显凌乱；
- 现代花艺中可将其花瓣进行分解重组，利用粘贴、串连等手法进行造型；
- 花瓣是极好的压花素材。

保鲜要点

- 适宜的保鲜温度为8-15℃；
- 宜选分枝较多，开放度好、无败花，叶片厚实、无萎蔫或霉斑，花茎挺实、有弹性，基部未褐变的花材；
- 宜在浅水中贮存，保持良好的透气性；
- 去除下部叶片，勿令叶片沾到水；
- 宜适当补充营养液以利开花；
- 宜使用保鲜剂。

大花葱

市场名 观赏葱

拉丁学名：*Allium giganteum*
英 文 名：Giant onion
花语花义：聪明可爱
瓶 插 期：12–20天

色彩范围

1	2	3
4	5	6
7	8	9
10	11	12

市场供应期（月份）

花材特点

- 小花在花莛顶端聚集成一个硕大的花球，好似柔软的毛线团，加之梦幻的粉紫色调，更显亲切可人。

保鲜要点

- 适宜的保鲜温度为5–10℃；
- 宜选花型饱满硕大，无残花，花色亮丽，花莛粗壮、挺直的花材；
- 宜在浅水中贮存，保持一定的空气湿度；
- 易染病菌，须勤换水，勤冲洗花莛；
- 宜使用保鲜剂。

花艺应用

- 花型硕大且饱满浑圆，具有隆盛圆满感，适宜装扮节日庆典；
- 外观规整，姿态挺拔，秩序性强，宜插制西方传统几何形造型；
- 在现代花艺中宜表现高低错落，层次清晰的景观式设计；
- 花球虽大但表面虚化，宜在大型的开敞空间，营造梦幻迷离的视觉效果；
- 偏冷的色调使之十分适宜在夏季传递清爽舒适的感觉；
- 具有类似洋葱的气味，使用时须注意用量和场合。

大丽花

市场名
大丽花/大丽菊

拉丁学名：*Dahlia pinnata*
英 文 名：Dahlia
花语花义：大吉大利、永远属于你
瓶 插 期：5–7天

色彩范围

市场供应期（月份）

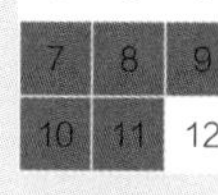

1	2	3
4	5	6
7	8	9
10	11	12

花材特点

- 来自墨西哥的贵妇，大花型，重瓣性强，花色明艳而有光泽，仿佛绸缎一般，给人庄重华丽之感。

保鲜要点

- 适宜的保鲜温度为2–8℃；
- 宜选花型整齐大方，花色艳丽，叶片翠绿、无萎蔫或烂瓣，花茎挺直的花材；
- 宜在浅水中贮存，保持一定的空气湿度，远离热源；
- 去除下部叶片，勿令叶片沾到水；
- 宜勤换水，并使用保鲜剂；
- 宜定时喷水以补充散失的水分。

花艺应用

- 花型较大，体量感强，宜于作品中构筑焦点或营造下部空间以利均衡；
- 时尚花礼中常以其为主花进行花盒布置，以体现华贵感；
- 花茎较弱，适用于新娘手花和花束的插制，宜作直立式造型；
- 花头可单独剪取用于粘贴造型；
- 寓意吉祥，因而在庆典插花、会场布置、开业花篮中都可用其讨个好彩头；
- 花头较重，易折，使用时应注意。

非洲菊

市场名　扶郎花

拉丁学名：*Gerbera jamesonii*

英 文 名：Transvaal daisy

花语花义：希望、光芒、互敬互爱

瓶 插 期：5–14天

色彩范围

市场供应期（月份）

1	2	3
4	5	6
7	8	9
10	11	12

花材特点

- 如初阳般的花型团团圆圆，升起在不蔓不枝的花莛上，自信满满地向我们微笑，好似孩子的脸，纯真无邪，给人无限慰藉又无限遐想。

保鲜要点

- 适宜的保鲜温度为5–8℃；
- 宜选花型对称、圆满，花瓣无病斑、枯焦，花莛直立、挺实，花冠上扬，无霉变的花材；
- 及时去除保鲜套，以防霉变；
- 去除花莛基部红色的茎段以利吸水；
- 宜在浅水中贮存，勤换水，勤修剪，因为浸入水中的花莛易腐烂；
- 易感染霉菌，可用浸烫法处理花莛切口，或在水中放入适量保鲜剂。

花艺应用

- 圆满的花型和美好的寓意使之成为庆典花饰的主打花材，也常见于新娘手花，表达辅助郎君事业有成之意；
- 花莛颀长，光洁无叶，花姿优美，颇具情态，是放射状插花造型的理想素材，宜表现隆盛感；
- 在花泥中吸水不佳，宜水养瓶插应用；
- 花莛与花托的连接处较弱，容易垂头，可穿铁丝进行辅助支撑；
- 一旦开花过盛，外轮舌状花向下翻卷则有失美观，可将其全部去除仅留中间的管状小花，仿佛雏菊，重拾可爱；
- 水滴型的舌状花色彩丰富，外形可人，也常用于粘贴和串连，体现精致的纹理效果和质感变化。

冠状银莲花

市场名 银莲花

拉丁学名：*Anemone coronaria*
英 文 名：Poppy anemone
花语花义：诚心诚意、胸怀坦荡
瓶 插 期：5–7天

色彩范围

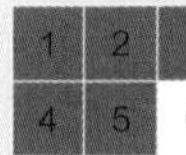

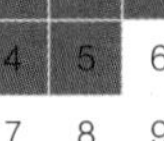

市场供应期（月份）

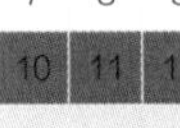

1	2	3
4	5	6
7	8	9
10	11	12

花材特点

- 貌似花瓣的部分其实是花萼，真正的花器官为花心处的黑色部分，仿佛聚焦的瞳孔，令人想通过这一扇心窗走进她的心房。

保鲜要点

- 适宜的保鲜温度为2-5℃；
- 宜选花型整齐，花冠开展，花色亮丽，叶片鲜绿、无折损，花莛充实、有弹性的花材；
- 宜在浅水中贮存，保持良好的透气性；
- 宜适当补充营养液以利开花；
- 避免阳光直射；
- 短时间脱水的花朵可以采取温水浸泡法恢复膨压。

花艺应用

- 花茎自然弯曲，灵秀生动，适宜进行自由设计或体现自然风格的作品；
- 自然界中少有的黑色花与彩色的大花萼形成了鲜明对比，高贵而奢华，在作品中能够呈现特殊效果，创造个性；
- 花型典雅大方，宜做新娘手花、小花束、腕花等精致花饰的创作；
- 单独剪取花冠则适宜粘贴等现代花艺技巧的应用；
- 具向光性，其作品宜放置于采光均衡处。

黑种草

市场名 黑种草

拉丁学名：*Nigella damascena*

英 文 名：Love-in-a-mist

花语花义：为你着迷，爱意迷离

瓶 插 期：7-10天

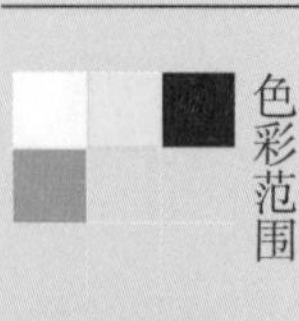

色彩范围

市场供应期（月份）

花材特点

- 朦胧的总苞托起美丽的花冠，好似迷雾里藏裹的心事，真正雾里看花的效果，这种自带的虚实相宜，令其成为时尚花艺设计的新宠。

保鲜要点

- 适宜的保鲜温度为2-5℃；
- 宜选重瓣性好，花冠整齐、无脱落，花色清新，叶片鲜绿、无黄叶、烂叶，花茎较长且挺直的花材；
- 宜在浅水中贮存，远离热源，避免风吹；
- 去除下部叶片，勿令叶片沾到水；
- 易败坏水质，须勤换水、勤剪茎，宜使用保鲜剂；
- 勿紧拥密置，要保持良好的通风透气性。

花艺应用

- 因苞片细长而显得朦胧虚幻、清爽自然，常用于现代自然风格的插花花艺创作；
- 身段轻盈，姿态飘渺，适宜插制中小型作品；
- 时代感强，是现代花束、花盒、花篮等礼仪插花的浪漫主打；
- 选取姿态柔美的花枝入小容器，极易营造禅茶况味；
- 花后椭球形的硕果也是良好的花艺素材；
- 花、叶都是极好的压花素材。

花毛茛

市场名：洋牡丹/陆莲花

拉丁学名：*Ranunculus asiaticus*

英文名：Persian buttercup

花语花义：受欢迎

瓶插期：7–10天

色彩范围

市场供应期（月份）

1	2	3
4	5	6
7	8	9
10	11	12

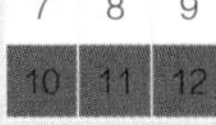

花材特点

- 层层叠叠的花瓣莲座状紧实地抱合在一起，仿佛要极力守住花心的秘密，不被人发现，细柔的花茎追寻着光的方向，只为倾心相待。

保鲜要点

- 适宜的保鲜温度为2-10℃；
- 宜选花型整齐圆鼓，花瓣抱合紧实，花色亮丽，叶片鲜绿、无折损，花莛充实且直立的花材；
- 宜在浅水中贮存，保持良好的透气性；
- 宜使用保鲜剂，或用浸烫法处理花茎基部；
- 易染病菌，须勤换水、勤剪根；
- 忌向花枝喷水。

花艺应用

- 花苞易萎蔫，使用前宜先行去除；
- 花苞紧实，花心内敛，引人入胜，适宜在小作品中构筑焦点；
- 羽状叶细裂，颇为轻盈，整枝使用花叶相扶宜呈现自然的田园风光；
- 单独剪取花冠则适宜粘贴、串连等现代花艺技巧的应用；
- 可用铁丝穿筋的方法避免其向性弯曲或进行特殊造型。
- 花茎易折，使用时应注意。

黄秋英

市场名 硫华菊

拉丁学名：*Cosmos sulphureus*
英 文 名：Yellow cosmos
花语花义：野性美
瓶 插 期：5–10天

色彩范围

市场供应期（月份）

花材特点

- 分枝较多，身姿挺秀，花色金黄，鲜艳夺目，这种简单直接、奔放不羁的美令其成为现代自然风的花艺新宠。

保鲜要点

- 适宜的保鲜温度为2–5℃；
- 宜选分枝较多，花苞未盛开，无垂头或残花，花色金灿灿，无黄叶、烂叶，花茎挺实的花材；
- 宜在浅水中贮存，保持良好的透气性；
- 去除下部叶片，勿令叶片沾到水；
- 宜用浸烫法处理花茎基部；
- 宜勤换水、勤剪根，并使用保鲜剂。

花艺应用

- 花姿挺拔、秀丽、野趣十足，适宜表现自然景致的插花花艺创作；
- 色彩纯正、明媚、生机勃勃，适宜营造喜悦欢乐的氛围；
- 整枝宜用于具有一定体量的空间花艺的背景布置；
- 分解小枝宜用于禅意插花、茶席插花等中式插花；
- 单独剪取花头可用于粘贴、串连等技巧进行花艺造型；
- 花叶均是理想的压花素材。

金槌花

市场名　黄金球

拉丁学名：*Pycnosorus globosus*

英 文 名：Billy buttons

花语花义：叩响心扉

瓶 插 期：10–14天

色彩范围

市场供应期（月份）

1	2	3
4	5	6
7	8	9
10	11	12

花材特点

- 小花坚实而密满地团聚成金黄色的小圆球，细长的花莛穿着柔毛外套挑起这个黄金球，好似一个个小鼓槌正要叩响谁的心扉。

保鲜要点

- 适宜的保鲜温度为2-5℃；
- 宜选花型饱满浑圆，花色明黄，花莛挺直、不干硬且未褐变的花材；
- 宜在浅水中贮存，忌向花枝喷水；
- 宜使用保鲜剂；
- 勿紧拥密置，要保持良好的通风透气性；
- 可直接在阴凉处风干成干花使用。

花艺应用

- 简单的造型，明快的色彩，令其在作品中可以很好地挑出空间、丰富层次；
- 体型小巧，常在新娘手花、花束、桌花、头花及胸花等礼仪插花中用作配花；
- 宜成组出现，用于组群、阶梯、平行等设计，体现一定的体量感；
- 将花莛截短后用于鲜花礼盒的插制也是不错的设计；
- 可单独剪下“黄金球”用于串连、粘贴等造型需要；
- 成熟后花粉易沾染衣物，使用时应注意。

菊花

市场名
大菊/乒乓菊

拉丁学名：*Chrysanthemum morifolium*
英 文 名：Chrysanthemum
花语花义：长寿、高洁、相聚、怀念
瓶 插 期：14-21天

色彩范围

市场供应期（月份）

1	2	3
4	5	6
7	8	9
10	11	12

花材特点

- 花中四君子之一，位列中国十大传统名花，也是世界四大切花的重要成员，在中国是长者、隐士的象征，在日本是皇室的象征。

保鲜要点

- 适宜的保鲜温度为8-10℃；
- 宜选花冠抱合紧实，花色亮丽，叶片鲜绿，无萎蔫、枯黄或焦边，花茎粗壮、挺直的花材；
- 宜在深水中贮存，保持一定的空气湿度；
- 去除下部叶片，勿令叶片沾到水；
- 宜适当补充营养液；
- 保鲜套有利于防止掉瓣，但应注意保持良好的透气性。

花艺应用

- 具有很强的季节性，秋季的花艺设计中常用其体现时令感；
- 花型各异、花姿俊秀的品种菊是中式插花的重要素材，常与松、柏、竹、梅、兰等气质相投的花材搭配，表现高风亮节的君子风范；
- 常见的白色大菊花多用于丧礼祭奠等礼仪插花，是清明扫墓的主体花材；
- 常见的黄色大菊花多用于重阳节花艺布置，表达亲朋好友来相聚的喜悦之情，亦祝福长者福寿康宁；
- 时尚的乒乓菊类深受年轻人和孩子们的喜爱，多用于婚礼花艺设计，亦常作卡通人物或动物等造型；
- 花头易散，使用时应多加注意。

蜡菊

市场名
蜡菊／麦秆菊

拉丁学名：*Xerochrysum bracteatum*
英 文 名：Strawflower
花语花义：铭记于心
瓶 插 期：10–14天

花材特点

- 覆瓦状围合在中央管状花周围的蜡质苞片，在凋谢后依然保持着新鲜的色泽和质感，素有不凋花之美誉，属于天然干花素材。

花艺应用

- 特殊的质感使之在插花花艺创作中能够提供多样性变化，丰富审美趣味；
- 小巧有趣的团块形花朵颇受小朋友的喜爱，宜作孩子们的花饰或花礼；
- 与深波叶补血草、宽叶补血草等天然干花搭配，用于居家装饰可起到持久的美化效果；
- 单独剪取花朵进行粘贴可用于大面积的铺陈设计或首饰花的制作；
- 花冠感受外界的干湿而开合，其作品宜放置于相对干燥处。

- 适宜的保鲜温度为2–5℃；
- 宜选分枝较多，花苞半开，叶色鲜绿，无黄叶、烂叶，花茎挺实的花材；
- 宜在浅水中贮存，保持良好的透气性；
- 去除下部叶片，勿令叶片沾到水；
- 忌向花枝喷水；
- 可直接在阴凉处风干成干花使用。

色彩范围

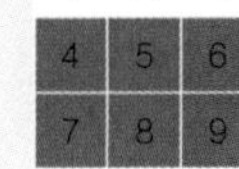

市场供应期（月份）

莲

市场名 荷花

拉丁学名：*Nelumbo nucifera*
英 文 名：Lotus
花语花义：清廉、圣洁、禅悦
瓶 插 期：3-5天

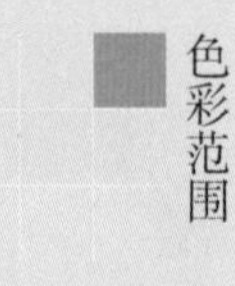

色彩范围

1	2	3
4	5	6
7	8	9
10	11	12

市场供应期（月份）

花材特点

- 中国十大传统名花之一，"出淤泥而不染，濯清涟而不妖"的水中圣贤，素来以其淡然世外的超脱而深受国人敬慕。

保鲜要点

- 适宜的保鲜温度为8-10℃；
- 宜选花苞尚未展瓣，花色亮丽，花莛粗壮、充实而挺直的花材；
- 宜在深水中贮存，保持一定的空气湿度；
- 宜适当补充营养液以利开花；
- 可用针管向花冠基部组织内注水进行保鲜；
- 短期脱水的花枝可将其倒置，向花莛基部注水，以恢复膨压。

花艺应用

- 典型的季节性花材，常用于表现夏日主题的插花花艺创作；
- 涉水而处的习性使之极为适宜表现滨水景观的自然天趣；
- 佛教圣花的身份，使之成为佛前供花的主体花材；
- 中国传统插花的重要素材，宜配体量相当的大型容器，作直立式造型，以凸显其亭亭净直之美；
- 极易脱水，其作品应尽量避免放置于空调大开处；
- 其叶材也是插花的重要素材，包括残败时的枯素之美亦会为花艺师所用，表现"留得残荷听雨声"的意境。

牡丹

市场名 牡丹

拉丁学名：*Paeonia suffruticosa*

英文名：Tree peony

花语花义：圆满，浓情，富贵，雍容华贵，高洁

瓶插期：3–5天

色彩范围

市场供应期（月份）

1	2	3
4	5	6
7	8	9
10	11	12

花材特点

- 中国传统名花之首，被拥为“花王”，品种丰富、花型隆盛、花色艳丽、花香馥郁、枝叶挺秀，端庄大气、富丽堂皇，素有“国色天香”之美誉。

保鲜要点

- 适宜的保鲜温度为8-12℃；
- 宜选花朵半开，花型整齐、色泽鲜亮，叶片鲜绿、无病斑或枯梢，花枝强健、有弹性的花材；
- 去除下部多余叶片，勿令叶片沾到水；
- 为保证花枝充分吸水，可将花枝基部做“十”字剪口处理；
- 水养时花枝间应保持一定空隙，保持良好的透气性，可向叶片喷水以补充散失的水分；
- 避免风吹，否则易使花瓣脱水掉落。

花艺应用

- 与中国文化血脉相连，百姓心中的国花，也是外国人眼中的中国之花，象征“中国”，因此是表现中国国家主题插花的首选花材；
- 中国传统插花的重要花材，花型饱满，寓意吉祥，宜作焦点花统领全局，诠释主题；
- 身姿挺秀，气度非凡，呈现盛世昌隆之相，适宜插制隆盛饱满的造型，用于盛大庄重的庆典场合；
- 自花配自叶方显本色风骨，不宜与轻柔、细碎的小花、小叶直接搭配，反差过大，难于统一；
- 宜带木质枝段进行插制造型，当年生枝条较弱，不利于表现牡丹的姿态美；
- 宜选大型稳重的瓶、缸、篮、碗等容器进行插制，小花器难于稳定重心。

秋英

市场名
波斯菊/格桑花

拉丁学名：*Cosmos bipinnatus*
英文名：Cosmos
花语花义：少女的真心，自由，怜取眼前人
瓶插期：5–10天

色彩范围

市场供应期（月份）

1	2	3
4	5	6
7	8	9
10	11	12

花材特点

- 具有旺盛生命力的原野精灵，茎枝纤细，姿态轻盈，花型整齐，色彩鲜艳，无论单瓣还是重瓣品种，都与世无争，纯净自由。

保鲜要点

- 适宜的保鲜温度为2-5℃；
- 宜选分枝较多，花苞未盛开，无垂头或残花，花色鲜亮，无黄叶、烂叶，花茎挺实的花材；
- 宜在浅水中贮存，保持良好的透气性，适当补充营养液以利开花；
- 去除下部叶片，勿令叶片沾到水；
- 远离热源，避免风吹；
- 及时去除残花。

花艺应用

- 花冠平展，枝叶柔美，野趣十足的秋英是现代自由风格花艺创作的宠儿；
- 身材高挑，整枝宜用于大型空间花艺的背景布置；
- 分解小枝宜用于花束、新娘手花、花环等设计，能够创造温馨浪漫的气息；
- 与切花月季、香石竹、菊花等传统主花相配或单独插制都是不错的选择；
- 缤纷的色彩最宜装点秋冬季节的居家环境，带来欢快可人的春意；
- 花叶均是理想的压花素材。

切花月季

市场名　玫瑰

拉丁学名：*Rosa hybrid*
英 文 名：Rose
花语花义：爱、爱情
瓶 插 期：5–14天

色彩范围

市场供应期（月份）

花材特点

- 世界通行的爱情花，中国传统名花中的“花中皇后”，花型多样、花色缤纷、花香怡人、花期不断，深受人们的钟爱。

花艺应用

- 花型辐射对称，充实饱满，在插花花艺作品中宜做主花，使造型丰盈，层次丰富；
- 花瓣层叠，花心收敛，在小型插花花艺作品中宜做焦点花，似有无限深情，静待知音，引人入胜；
- 花茎有刺，在制作花束或新娘手花等服饰花时，一定要预先进行去刺处理，以免给人造成伤害；
- 代表爱意的花语，使其当之无愧地成为婚礼花艺的主打花材，其丰富的花型花色可适于各种主题婚礼的设计；
- 四季长春的特质，使其具有花开不败的吉祥意象，因此在开业庆典、探亲访友等多种礼仪插花中也扮演着重要角色。

保鲜要点

- 适宜的保鲜温度为2-5℃；
- 宜选花苞紧实饱满，花瓣无斑点、折痕，花托无霉变，叶片干净、未脱落、无病虫害，花茎挺直、强健，切口未褐变的花材；
- 月季容易脱水，因此在瓶插水养前应剪除基部大约3-5厘米的花茎，且最好在水中剪切；
- 去除下部叶片，勿令叶片沾到水；
- 为延长月季瓶插水养的观赏期可不进行打刺处理，否则花茎表皮受损，对保鲜不利；
- 及时去除衰败或伤病的花瓣和叶片，以及基部褐变的花茎，保持花型整洁；
- 一旦脱水，可采取深水急救法、倒置喷淋法等方法进行处理。

全缘铁线莲

市场名　铁线莲

拉丁学名：*Clematis integrifolia*
英 文 名：Clematis
花语花义：别出心裁，心灵手巧
瓶 插 期：5-7天

色彩范围

市场供应期（月份）

1	2	3
4	5	6
7	8	9
10	11	12

花材特点

- 4片花瓣状蓝紫色的萼片构成了酒杯状的花冠，先端向外翻卷，有点旋涡般的感觉，活泼跳跃，又时尚个性，是花艺素材中的新锐。

保鲜要点

- 适宜的保鲜温度为5-8℃；
- 宜选花型美观，花色纯正，叶片平整，无皱缩或斑痕，花茎挺实、有弹性的花材；
- 宜在浅水中贮存，保持一定的空气湿度；
- 宜勤剪根，并定期喷水以利补充水分；
- 远离热源，避免风吹；
- 短时间脱水的花朵可以采取温水喷淋的办法进行急救。

花艺应用

- 花型活泼自由，适宜在花艺设计中体现轻盈、变幻的动感；
- 独特的蓝紫色调可以营造梦境般神秘的感觉，十分适宜在前卫的设计中彰显个性；
- 整枝适用于有一定体量的大作品，可以起到过渡空间、丰富层次的作用；
- 单独剪取小花可以用于新娘手花、花环、花索等礼仪插花的制作；
- 现代花艺中用金属丝串连花头对架构进行悬挂、缠绕等装饰；
- 果实也毛绒可爱适宜花艺创作，在秋天的婚礼与庆典上象征着成熟和圆满。

芍药

市场名　芍药

拉丁学名：*Paeonia lactiflora*

英文名：Peony

花语花义：情有独钟、美丽动人、依依不舍

瓶插期：3–7天

色彩范围

市场供应期（月份）

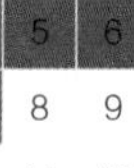

1	2	3
4	5	6
7	8	9
10	11	12

花材特点

- 中国传统名花中的“花相”（花中丞相），与牡丹相似，并称“姊妹花”，花大枝柔，风吹作颔首状，仿佛少女脉脉含情，是中国本土的爱情花。

花艺应用

- 中国传统插花的实际应用中常作为牡丹的替身表现主题意象；
- 时尚婚礼的主打花材，极易表现花团锦簇的热闹气氛和备受关注的庄严时刻；
- 在花泥中不易吸水，因此更适于花束制作和水养插花；
- 花瓣较大，易于造型，在现代花艺中可作粘贴、重组、层叠等设计；
- 单朵花开放后的花期较短，花瓣易落，不宜作长期布展的主体花材；
- 单瓣或小花品种可作茶室或禅意插花，情态雅致，芳香怡人。

- 适宜的保鲜温度为8-12℃；
- 宜选花蕾充实膨大，色泽鲜亮，叶片鲜绿、无病斑或枯梢，花枝强健、有弹性的花材；
- 去除下部多余叶片，勿令叶片沾到水；
- 为延缓开花可将其放置在冷凉背光处水养；
- 为使紧实的花苞正常开花可补充一定的营养液；
- 极易失水，为保证花枝充分吸水可将其基部进行灼烧处理。

矢车菊

市场名　矢车菊

拉丁学名：*Centaurea cyanus*
英 文 名：Cornflower
花语花义：敏感、幸福
瓶 插 期：5–7天

花材特点

- 箭羽一样的小花汇聚在花盘上形成一个小巧精美的绒毛球，飘逸的姿态和母亲的温柔曾带给德意志皇帝美好的童年记忆，被视为吉祥之花而成为德国国花。

保鲜要点

- 适宜的保鲜温度为2–5℃；
- 宜选分枝较多，花苞未盛开，无垂头或残花，花色宜人，无黄叶、烂叶，花茎挺实的花材；
- 宜在深水中贮存，保持良好的透气性，适当补充营养液以利开花；
- 去除下部叶片，勿令叶片沾到水；
- 远离热源，避免风吹；
- 可直接在阴凉处风干成干花使用。

花艺应用

- 野趣十足，当需要营造自然风格的欧式婚礼花艺布置，可以将其作为主花；
- 用于新娘手花、头花时宜使用白色、粉色的柔和色调，以衬托新娘的贤淑温婉；
- 大量使用时可以营造精致梦幻的氛围；
- 单独剪取花头可用于粘贴、串连等技法的造型设计；
- 不宜于花泥插制，适宜水养插花或进行花束、花环造型；
- 对乙烯非常敏感，不宜用于果蔬插花。

色彩范围

市场供应期（月份）

水仙

市场名 水仙

拉丁学名：*Narcissus tazetta*
英 文 名：Daffadil
花语花义：高洁、你是唯一
瓶 插 期：5–7天

色彩范围

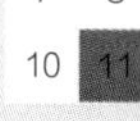

市场供应期（月份）

1	2	3
4	5	6
7	8	9
10	11	12

花材特点

- 水沉为骨玉为肌的“凌波仙子”位列中国传统十大名花之一，优雅的芬芳，独特的气质，冬春之交如期而至。

保鲜要点

- 适宜的保鲜温度为2–5℃；
- 宜选造型理想，花苞较多，无残花，叶片新鲜、无折损，花茎粗壮、挺实的花材；
- 宜在深水中贮存，保持一定空气湿度；
- 宜单独贮存，避免和其它花材混合放置；
- 远离热源，避免阳光直射；
- 及时去除残花。

花艺应用

- 水仙干净自然，单独使用效果理想；
- 具有很强的冬春季节性，常用于春节的花艺布置；
- 宜瓶插水养或制作手把花束；
- 每次切割花茎后，须将其在冷水中放置24小时后再进行使用，否则其分泌的毒液会影响其他花材；
- 毒液会刺激皮肤，使用前应确保其切口处无汁液外溢；
- 使用后须注意洗手和清理操作台及工具，勿使毒液残留。

松果菊

市场名 松果菊

拉丁学名：*Echinacea purpurea*
英 文 名：Purple coneflower
花语花义：慵懒之美
瓶 插 期：7–10天

色彩范围

市场供应期（月份）

1	2	3
4	5	6
7	8	9
10	11	12

花材特点

- 中心管状花汇聚成球形，貌似松果，外轮舌状花平展如碟状，整体造型十分可爱，随着成熟，外轮碟边下垂，便成了羽毛球的样子。

保鲜要点

- 适宜的保鲜温度为5-10℃；
- 宜选花冠整齐，花瓣平展，无下垂或脱落，叶色鲜绿，无黄叶、烂叶，花茎充实、挺直的花材；
- 宜在浅水中贮存，保持良好的透气性，并使用保鲜剂；
- 去除下部叶片，勿令叶片沾到水；
- 远离热源，避免风吹；
- 可直接在阴凉处风干成干花使用。

花艺应用

- 花型较大，花色艳丽，可担当中小型插花花艺作品的焦点；
- 身材高挑，可在大型空间花艺布置中构筑背景层次；
- 花瓣可分解进行粘贴造型；
- 开花过盛后，可将外轮舌状花全部去除仅留中间的管状花部分，形似绒球，也是花艺创作的理想素材；
- 单独使用小绒球时宜多枝组群式应用，否则体量感较弱，不精彩；
- 亦可单独剪取小绒球用于粘贴、串连等花艺造型。

向日葵

市场名 向日葵

拉丁学名：*Helianthus annuus*
英 文 名：Sunflower
花语花义：沉默的爱、凝视你、光辉
瓶 插 期：7–10天

花材特点

- 花盘硕大，花色明媚，通常中央和外轮色调形成强烈的明暗反差，视觉冲击力极强，是天生的主角，且茎秆粗壮直立，上有刚毛，呈现坚定的阳刚之美，被俄罗斯奉为国花。

花艺应用

- 色彩明艳轻快，以其朝着太阳生长的特性深受西方人青睐，在婚礼花艺中经常作为黄色系主花出现；
- 花盘平整，体量感强，呈现稳健向上的态势，在中式插花中常作为焦点花，表达积极进取的主题；
- 茎秆挺直修长，适宜作为花束的主花应用，可塑造自然文艺风格；
- 在花泥中吸水不佳，宜瓶插水养插花应用；
- 在花泥中插制时须注意稳定重心，宜直立造型，不宜斜出，必要时可用竹签、铁丝等进行辅助支撑；
- 一旦过了盛花期，可将外轮褪色的花瓣（舌状花）全部去除，仅留中央的咖啡色花盘，亦不失为极好的创作素材。

保鲜要点

- 适宜的保鲜温度为8–10℃；
- 宜选花型对称、圆满，花瓣无病斑、枯焦，叶片无萎蔫、病斑，花茎直立、挺实，花冠不低垂的花材；
- 去除萎蔫及下部多余叶片，勿令叶片沾到水；
- 宜在浅水中贮存，勤换水，勤修剪，通常剪除基部3cm左右；
- 保持良好的通风透气性，避免较大的空气湿度；
- 可直接在阴凉处风干成干花使用。

色彩范围

市场供应期（月份）

1	2	3
4	5	6
7	8	9
10	11	12

香石竹

市场名 康乃馨

拉丁学名：*Dianthus caryophyllus*
英 文 名：Carnation
花语花义：母爱、奉献
瓶 插 期：14–21天

色彩范围

市场供应期（月份）

花材特点

- 世界四大切花之一，西方国家的母亲花，因其丰富的色系和超长的保鲜期而深受人们的喜爱，被各国花艺师们广泛使用。

保鲜要点

- 适宜的保鲜温度为4–8℃；
- 宜选花萼处紧实，花苞半开，花瓣无霉变或枯痕，叶片挺实，花枝直立，基部未褐变的花材；
- 宜在浅水中贮存，保持良好的通风透气性；
- 去除下部叶片，勿令叶片沾到水；
- 忌向花头喷水，易形成水斑；
- 勤换水，每次换水须将之前浸泡在水中的茎段剪除。

花艺应用

- 母亲节的主打花材，同样适用于送给长辈的花礼制作；
- 花茎颀长且光滑少叶，是制作花束的理想素材；
- 单朵花离水状态下也能保持较长的观赏期，常用于胸花、花环等服饰花的制作；
- 不同品种间花色、瓣型差异较大，可以运用新品种来增加作品新鲜感，提升作品层次；
- 花枝节位膨大，极易折断，操作时应注意，以免折损花材；
- 对乙烯非常敏感，不宜用于果蔬插花；
- 花瓣和花萼都是理想的压花素材。

绣球

市场名
绣球/紫阳花

拉丁学名：*Hydrangea macrophylla*
英 文 名：Hortensia
花语花义：皆大欢喜、理解万岁
瓶 插 期：7–14天

色彩范围

市场供应期（月份）

1	2	3
4	5	6
7	8	9
10	11	12

花材特点

- 花色可以随酸碱度高低而变化的魔术师，更有着迷惑人的外表，那些看上去像花瓣的部分其实是花萼。

保鲜要点

- 适宜的保鲜温度为5-8℃；
- 宜选造型饱满，花色鲜亮，无残花，叶片厚实、鲜绿、无损伤，花茎粗壮、挺实、基部未褐变的花材；
- 宜在深水中贮存，须保持较高的空气湿度，远离热源，避免风吹；
- 去除全部叶片以降低水分蒸腾；
- 宜采用灼烧法或十字剖切法处理花茎基部以利吸水；
- 短时间脱水的花朵可以采取温水浸泡法恢复膨压。

花艺应用

- 宜用月牙形的枝剪截取粗壮的花茎；
- 少有的大型密满团块花材，十分适宜大型空间的花艺布置或大型插花花艺创作，气派恢弘；
- 色彩以蓝白和红紫为主，其中蓝白色系更适合夏日的宴会布置和婚礼花艺，红紫色系适合秋季的宴会布置和婚礼花艺；
- 体量感较强，宜构筑整体花型的下部空间，以利稳定重心；
- 宜进行分解、重组、铺陈等造型，但应留取一段较粗的花梗，以利插制和吸水；
- 是做保鲜花、压花的理想素材。

萱草

市场名　萱草

拉丁学名：*Hemerocallis fulva*
英 文 名：Orange day-lily
花语花义：忘忧、母亲
瓶 插 期：10–14天

色彩范围

市场供应期（月份）

1	2	3
4	5	6
7	8	9
10	11	12

花材特点

- 中国传统的母亲花，别号“忘忧草”，具有温暖的外表和迷人的功效，就像母亲的爱默默地付出与陪伴，为我们扫去阴霾，岁月静好。

保鲜要点

- 适宜的保鲜温度为2–5℃；
- 宜选花苞较多，成熟的将要展瓣，花色纯正，花莛较长、挺直且有弹性的花材；
- 宜在深水中贮存，保持一定的空气湿度；
- 宜适当补充营养液以利开花；
- 远离热源，避免风吹。

花艺应用

- 中国传统的插花素材，适宜瓶、盘、篮、缸、筒等多种容器的中式插花；
- 插制时须注意花头朝向和姿态，宜作倾斜造型；
- 花苞较多时宜适当疏剪，以免造成分散感；
- 典型的夏季花材，适宜表现夏日主题的插花花艺创作；
- 身姿娉婷，在现代花艺中宜作平行式设计或仿生境造型；
- 花瓣可分解重组进行聚合花的创作。

延药睡莲

市场名 蓝莲花

拉丁学名：*Nymphaea stellata*
英 文 名：Blue lotus
花语花义：神圣、永恒、转世而来
瓶 插 期：>30天

色彩范围

市场供应期（月份）

1	2	3
4	5	6
7	8	9
10	11	12

花材特点

- 金蕊蓝瓣，阳光下静静地开放，微微地散发着幽香，不蔓不枝，绝世独立，有一丝妖娆，带一线佛光，这水中的精灵引人竞相猜测她的身世与过往。

保鲜要点

- 适宜的保鲜温度为5-8℃；
- 宜选花苞已吐色，花瓣无病斑，萼片新鲜，花茎粗壮、挺实，花冠不低垂的花材；
- 去除外部的绿色萼片有利开花；
- 宜在深水中贮存，水深约为容器的2/3，勤换水，勤修剪；
- 一旦脱水可采取倒灌法进行补水急救；
- 放置环境须保证充足的阳光照射。

花艺应用

- 花冠周正，花色稀有，因此成为喜欢猎奇的年轻人比较偏爱的馈赠佳品，常作花束应用；
- 本身处水而居的习性，使之常用于开阔水面的花艺布置，营造自然水景之美；
- 盛开的花朵是极好的团块花材，体量较大，宜插在作品中下部，以利稳定重心；
- 未开的花苞可作线形花材使用，以拓展空间，摆布虚实；
- 花泥中不利吸水，宜瓶插水养；
- 水滴形花瓣还常被一一分解下来在现代花艺中作粘贴造型；
- 花茎较脆易折，使用时应注意，必要时可用铁丝进行辅助支撑。

野罂粟

市场名 冰岛罂粟

拉丁学名：*Papaver nudicaule*
英文名：Iceland poppy
花语花义：回忆
瓶插期：5–7天

色彩范围

市场供应期（月份）

1	2	3
4	5	6
7	8	9
10	11	12

花材特点

- 花瓣大而薄，花色纯而暖，花莛恣意地弯曲，好似迷糊的小精灵们在花园中演练着节日的乐谱。

保鲜要点

- 适宜的保鲜温度为2–5℃；
- 宜选花苞未全部盛开，花色鲜亮，花茎充实、有弹性的花材；
- 宜在浅水中贮存，保持良好的透气性；
- 宜勤换水、勤剪根，并使用保鲜剂；
- 远离热源，避免风吹；
- 其分泌物对其它花材不利，须单独存放。

花艺应用

- 宜表现野趣和自然美，常单独用于水养插花造型；
- 弯曲的花莛极具动感和姿态美，适宜用试管保鲜进行现代大型架构花艺创作；
- 长时间插在花泥中的保水性不理想，因此在婚礼和会场布置中并不常见；
- 分泌物对皮肤有一定刺激性，因此也不建议用于花束中；
- 花落后果实也可用于插花造型；
- 使用后应认真洗手。

郁金香

市场名 郁金香

拉丁学名：*Tulipa gesneriana*
英 文 名：Tulip
花语花义：爱、权力、名誉、财富
瓶 插 期：5–10天

色彩范围

市场供应期（月份）

花材特点

- 王冠般的花冠、宝剑般的茎叶、珠宝般的鳞茎，加之与爱相关的动人传说，便成就了这样一个集权力、名誉、财富与爱于一身的花中显贵。

保鲜要点

- 适宜的保鲜温度为2-5℃；
- 宜选花型较大、花冠整齐，花色鲜亮，叶片鲜绿、无损伤，花莛挺直、未弯曲的花材；
- 宜在浅水中贮存，保持一定的空气湿度，远离热源；
- 去除花莛基部白色的部分以利吸水；
- 勤换水、勤剪根，宜使用保鲜剂与营养液；
- 花莛具有向光性，宜置于采光各方向均衡的地方贮存。

花艺应用

- 常见的婚礼用花，可搭配叶材制作大方华丽的花束或精美别致的胸花；
- 典雅的欧洲气质，宜装点欧式家居或用于欧风主题的花艺创作；
- 简洁明快而又高贵内敛，正适合时尚的低调奢华，最宜单一花材的单纯式设计；
- 向光性极强，即便插到作品中也会弯曲，其作品宜放置于采光均衡处；；
- 可用铁丝穿筋的方法避免其向性弯曲或进行特殊造型。

朱顶红

市场名
孤挺花/对红

拉丁学名：*Hippeastrum rutilum*
英文名：Amaryllis
花语花义：壮美、夸赞
瓶插期：10–14天

色彩范围

市场供应期（月份）

花材特点

- 一根粗壮的长花莛高高地擎起了2对大喇叭，向四方宣告：胜者为王。

保鲜要点

- 适宜的保鲜温度为5-10℃；
- 宜选仅1朵花苞展瓣，花色亮丽，花莛粗壮、充实而挺直的花材；
- 宜在浅水中贮存，保持一定的空气湿度；
- 花莛基部易开裂翻卷，可预先用透明胶带绑缚固定；
- 及时去除残花并适当补充营养液有利花苞开放；
- 短期脱水的花朵可将其倒置，向花莛基部注水，以恢复膨压。

花艺应用

- 大花型，显著聚焦，宜于现代插花花艺中构筑焦点，形成视觉中心；
- 冬春开花，花色艳丽，宜在节庆活动中进行环境花艺布置，营造喜庆吉祥的氛围；
- 通常一枝便可统领全局，且作品整体花型要有足够体量；
- 花莛较长，宜高瓶水养装点家居；
- 花莛中空易折，可将竹签从花莛基部穿入以辅助支撑；
- 花莛基部粗大且脆弱不利插入花泥，须通过牙签、竹签等进行辅助插制；

— 线形花材 —

即外形呈线条状的植物花朵类鲜切花素材，通常为姿态优美的木本花枝如日本樱花、蜡梅等，或者为线条状的花序如唐菖蒲、蛇鞭菊等。这类花材的观赏特性表现在整体花形或流线、或放射、或静直的律动中，在插花花艺作品中往往可以起到建构骨架、扩展空间、创造动势的作用，常用作造型的骨架花或发散素材。

贝壳花

市场名 贝壳花

拉丁学名：*Moluccella laevis*
英 文 名：Shell flower
花语花义：妩媚多娇、祝您好运
瓶 插 期：8-10天

色彩范围

市场供应期（月份）

1	2	3
4	5	6
7	8	9
10	11	12

花材特点

- 花萼卷成了喇叭状守护着一粒白色的小花兀自芬芳，仿佛开启的贝壳里闪烁着珍珠的光芒，谁安排的它们6个1轮，1轮一层的排放，又好似贵胄的领圈摞成高塔样。

保鲜要点

- 适宜的保鲜温度为2-5℃；
- 宜选花萼与小花颜色鲜润，无落花，叶片无枯黄或萎蔫，花枝较长、挺立、不弯头且基部未变色的花材；
- 宜在浅水中贮存，远离热源，避免风吹，水养前宜用灼烧法处理花枝基部；
- 去除下部多余叶片、花萼及小花，勿令除花茎以外的任何部分沾到水；
- 宜勤剪花枝基部，以利吸水；
- 可直接在阴凉处风干成干花使用。

花艺应用

- 典型的趣味性花材，十分适宜创作童话意趣的作品，以其别致幽雅的造型引人入胜；
- 宜整枝应用体现长长的线条动感，也可分解每层小“领圈”，用于重组、串连等设计；
- 为突出花萼的漂亮造型，可将除顶端以外的叶片全部去除；
- 每层之间的花茎较短，可插入花泥，但不适宜水养插花；
- 趋光性强，应用时需考虑作品的摆放位置，宜放置在室内散射光的条件下；
- 花萼基部有小刺，使用时应加以留意，以免扎伤。

翠雀

花材特点

- 一朵朵小花翘着长长的尾巴，好似上下翻飞的彩雀儿，它们欢乐地聚成一座高高的宝塔，不经意看去真仿佛“结了一树的鸟”。

保鲜要点

- 适宜的保鲜温度为2-5℃；
- 宜选开放度好，花色饱和度好，叶片无枯黄或霉烂，花枝较长、挺直、无落花的花材；
- 宜在浅水中贮存，保持良好的透气性，定期剪切花枝基部；
- 去除下部多余叶片，勿令叶片沾到水；
- 宜在凉爽的环境贮存，远离热源，避免风吹；
- 及时去除开败的残花。

花艺应用

- 花枝挺立，花序长且宽大，适宜在大型插花花艺作品中充当中上层空间建构的主角；
- 蓝紫色系的花材，适宜在夏季为人们营造清凉舒适的视觉感受，常见于夏日橱窗花艺装饰；
- 整枝花宜直立插制用于模拟丛林景观的花艺设计，或放射状插制用于西式传统厅堂等大型空间的花艺布置；
- 小花可单独分解进行铺陈粘贴；
- 对乙烯敏感，不宜用于果蔬插花；
- 具毒性，使用后应洗手并彻底清理工作台。

市场名
翠雀／大飞燕

拉丁学名：*Delphinium grandiflorum*
英 文 名：Siberian larkspur
花语花义：清静、正义、胸襟
瓶 插 期：5–7天

色彩范围

市场供应期（月份）

大花蕙兰

市场名 虎头兰

拉丁学名：*Cymbidium hybridum*

英文名：Boat orchid

花语花义：优雅、高贵

瓶插期：21-30天

色彩范围

市场供应期（月份）

1	2	3
4	5	6
7	8	9
10	11	12

花材特点

- 花朵较大，密集成串，花型显著，雍容华贵；花瓣厚实具蜡质，唇瓣有斑纹，憨态可掬。

保鲜要点

- 适宜的保鲜温度为8-12℃；
- 宜选花朵较大，着花量多，无落花，花色鲜润，花莛粗壮、挺实的花材；
- 宜在深水中贮存，保持一定的空气湿度，定期喷水以补充散失的水分；
- 宜在温暖的环境贮存，一旦受冻则花瓣呈半透明状；
- 宜补充适量营养液；
- 短时间脱水的花朵可以采取温水浸泡法恢复膨压。

花艺应用

- 高档花材，价格不菲，多见于高端会所的花艺布置，或插花花艺展赛的作品创作；
- 常与梅、竹、松搭配，表现中国传统花文化的“四君子”主题；
- 整枝往往用于大中型插花花艺作品，适宜构建焦点区；
- 花头较重，插制角度过大时须进行辅助支撑以稳定重心；
- 单朵花可用小型花艺作品的创作，也适宜粘贴等花艺技巧的应用；
- 对乙烯敏感，不宜用于果蔬插花。

风铃草

市场名　风铃花

拉丁学名：*Campanula medium*

英 文 名：Bellflower

花语花义：感谢、感恩

瓶 插 期：7–10天

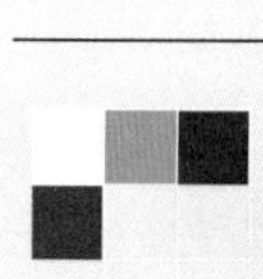

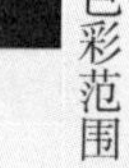

色彩范围

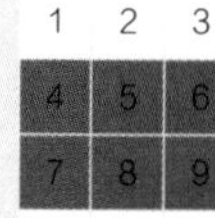

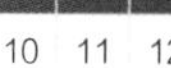

市场供应期（月份）

1	2	3
4	5	6
7	8	9
10	11	12

花材特点

- 每朵小花形如一个个小铃铛，只是这些小铃铛不是垂着头挂在枝梢上的，而是仰着脸好奇地望向天空。

保鲜要点

- 适宜的保鲜温度为2-5℃；
- 宜选着花较多，有1/3花苞已开放，叶片鲜绿、无枯黄，花茎较长且粗壮的花材；
- 宜在浅水中贮存，保持良好的透气性；
- 去除下部多余叶片，勿令叶片沾到水；
- 宜补充适量营养液；
- 远离热源，避免风吹。

花艺应用

- 近年来鲜花市场上的新优品类，并不多见，是设计师追求个性表达的理想素材；
- 清爽的花色，可爱的花型，应季的花期，使之成为夏季婚礼的时尚之选；
- 分枝较多的线形花材，每一枝都可分解使用；
- 单独剪取小花可进行精致花礼、花盒的设计，或用于饰品制作；
- 花茎易折，使用时应留意。

风信子

市场名 风信子

拉丁学名：*Hyacinthus orientalis*
英文名：Common hyacinth
花语花义：喜悦、重生的爱
瓶插期：7–10天

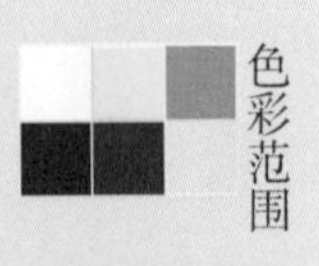

色彩范围

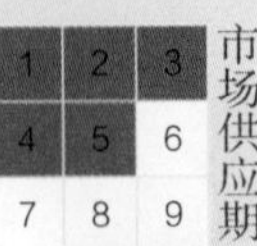

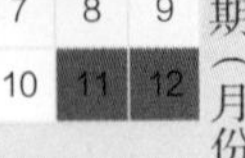

市场供应期（月份）

花材特点

- 害羞的花莛不敢高出叶片，隆盛的花序在叶片间倍显庄重而高贵，悠悠的清香静静地弥漫，不经意间人们就在她的温柔中沦陷。

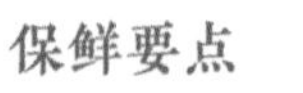

保鲜要点

- 适宜的保鲜温度为2–5℃；
- 宜选花序饱满、着花较多、外形规整，叶片新鲜、无折损，花莛挺实有弹性的花材；
- 宜在浅水中贮存，保持良好的透气性；
- 花莛易粘滑，须勤换水；
- 宜补充适量营养液；
- 宜定期喷水以补充散失的水分。

花艺应用

- 花莛较短，花型较小，适宜插制中小型插花花艺作品，或在大作品中用于下部空间层次的构建；
- 典型的西方花材，多用于欧式插花花艺的创作或装点欧式家居环境；
- 不易插入花泥，宜容器水养插花造型；
- 宜分解小花进行重组，可作饰品装扮新娘；
- 花头较重时，可从花莛基部穿入粗铁丝进行辅助支撑；
- 对皮肤有一定刺激性，使用后应充分洗手。

狗尾草

市场名 狗尾草

拉丁学名：*Setaria viridis*
英 文 名：Green bristlegrass
花语花义：坚忍、暗恋
瓶 插 期：5–10天

色彩范围

市场供应期（月份）

花材特点

- 路边、墙角随处可见的野草，具有极其旺盛生命力，柔毛状的花序可以信手拈来编结成小动物的形象，是许多人儿时的美好记忆。

保鲜要点

- 适宜的保鲜温度为2–5℃；
- 宜选花序饱满，有光泽，叶片无干枯、破损，茎秆较长的花材；
- 宜在浅水中贮存，保持良好的透气性；
- 去除下部多余叶片，勿令叶片沾到水；
- 远离热源，避免风吹。

花艺应用

- 体量轻盈，适宜插制中小型插花花艺作品；
- 常作为配材在作品中调节虚实，生动画面，营造野趣；
- 宜多枝成组出现，用于现代花艺的组群式插作；
- 使用时应注意插角与方向，要有一定的同一性，忌四面八方开展，易失于凌乱；
- 茎秆较细，使用剑山固定时须进行辅助支撑；
- 茎秆较弱，极易折损，操作时须谨慎。

蝴蝶兰

市场名　蝴蝶兰

拉丁学名：*Phalaenopsis aphrodite*
英 文 名：Moth orchid
花语花义：爱、美丽、高贵
瓶 插 期：10–14天

色彩范围

市场供应期（月份）

花材特点

- 花如其名，雅致斑斓的花朵仿佛一只只展翅的蝴蝶汇集在纤细的花梗上，呈现出精美绝伦的形色效果，能够提升作品品质，备受花艺师的青睐。

保鲜要点

- 适宜的保鲜温度为7–15℃，温度过低会导致褐变；
- 宜选花型饱满，花色鲜亮，花瓣厚实、硬挺、无伤痕或病斑，花枝较长、挺实且有弹性的花材；
- 宜在浅水中贮存，保持一定的空气湿度，远离热源；
- 宜在温暖的环境贮存，避免风吹；
- 宜定期喷水以补充散失的水分；
- 一旦脱水，可采取温水浸烫法或深水浸泡法进行急救。

花艺应用

- 花朵依次着生于花梗上，有线有点，层次丰富，在现代花艺的构架中可起到丰富层次、形成焦点的作用；
- 花序饱满，小花别致，花姿秀丽，气质高贵，是时尚婚礼花艺设计的主打花材，体现隆重、神圣、高端、华美之感；
- 单朵小花体量适中，蝴蝶的造型典雅而醒目，十分适宜人体花饰的创作，是高档胸花的常用主花；
- 小花宜进行粘贴、串连等处理，其疏密变化可创造节奏感，形成韵律，呈现整体和细节俱佳的设计效果；
- 花序体量较重，整枝插制时应把握好重心，必要时须进行辅助支撑；
- 对乙烯极为敏感，不宜用于果蔬插花。

蝴蝶石斛兰

市场名
洋兰/石斛兰

拉丁学名：*Dendrobium phalaenopsis*
英 文 名：Cooktown orchid
花语花义：欢迎、祝福、能干
瓶 插 期：14–21天

色彩范围

市场供应期（月份）

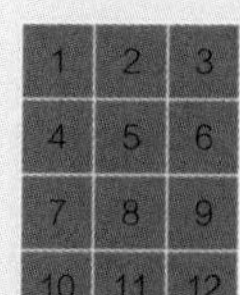

花材特点

- 最为常见的鲜切兰花种类，优雅精致的花朵仿佛翻飞的小精灵，欢聚在一起，大个在后小个在前，排成清秀的流线，将美好的祝福逐级传递向前！

保鲜要点

- 适宜的保鲜温度为15–18℃，温度过低会导致褐变；
- 宜选花色鲜亮，花瓣厚实、硬挺、无伤痕或病斑，花枝较长、挺实且有弹性的花材；
- 宜在浅水中贮存，勿使花瓣沾到水，保持一定的空气湿度；
- 及时拆除包装物，宜在温暖的环境贮存，远离热源，避免风吹；
- 宜定期喷水以补充散失的水分；
- 及时去除开败的残花。

花艺应用

- 花莛细长、挺实、柔韧可塑性性强，花朵大小适中、造型活泼，使之普遍适用于各类插花花艺创作；
- 轻盈活泼的线条感使之适宜向各个方向延展空间，是中小放射状插花造型的佳选；
- 小花和花苞都可单独分解下来，用于粘贴、串连的造型，是花串和花索的常用素材；
- 花色渐变的花瓣也常被拆解开来，用于羽毛、水滴、波浪等纹理效果的粘贴；
- 插制时须注意花枝和花朵的正反朝向，力求将花儿最美的表情朝向观众；
- 单朵小花用于插制时，须连带一段硬实的绿色花序轴一并剪取，以利插入花泥。

火焰兰

市场名　红珊瑚

拉丁学名：*Renanthera coccinea*
英 文 名：Renanthera
花语花义：热情
瓶 插 期：7–10天

色彩范围

市场供应期（月份）

1	2	3
4	5	6
7	8	9
10	11	12

保鲜要点

- 适宜的保鲜温度为7-15℃；
- 宜选姿态优美、小花较多，花瓣无折损或脱落，花枝挺实有弹性的花材；
- 宜在浅水中贮存，保持一定的空气湿度；
- 及时拆除包装物，宜在温暖的环境贮存，远离热源，避免风吹；
- 及时去除开败的残花。

花材特点

- 分枝张扬，花瓣扭旋有动感，花色火红艳丽，多枝聚集就仿佛熊熊燃烧的火焰，又好似鳞光烁烁的红珊瑚。

花艺应用

- 花型活泼自然，既适宜东方式插花，也适宜现代自由式造型；
- 花莛长且分枝开展，是放射状造型的优质素材；
- 成群集束插制，视觉冲击力较强，能够体现热情奔放的主题，营造热烈喜庆的气氛，适于节日或婚礼的花艺装饰；
- 宜与鹤望兰、文心兰、红掌等原产热带亚热带的花材进行搭配，表现浓郁的南国风情；
- 单朵小花也适宜粘贴、串连等技巧的应用。

假龙头

市场名
假龙头花/随意草

拉丁学名：*Physostegia virginiana*
英 文 名：False dragonhead
花语花义：坚忍、暗恋
瓶 插 期：7–14天

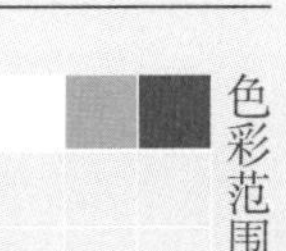

色彩范围

1	2	3
4	5	6
7	8	9
10	11	12

市场供应期（月份）

保鲜要点

- 适宜的保鲜温度为2–5℃；
- 宜选花序饱满，1/3左右的小花开放，色彩鲜润，叶片鲜绿、无损伤，花茎较长的花材；
- 宜在浅水中贮存，保持良好的透气性；
- 去除下部多余叶片，勿令叶片沾到水；
- 宜补充适量营养液；
- 远离阳光直射和热源，避免风吹。

花材特点

- 小花好似张着口的小龙头，从下至上有序地开放，每朵小花基部都仿佛有一个小关节，任人改变其方向而不会复位，十分有趣，因此也得个了“随意草”的别名。

花艺应用

- 轻盈挺直的线条形花材，适宜插制中小型作品的背景；
- 在西方传统的几何形插花造型中能够胜任扇形、三角形、新月形等图形的骨架枝；
- 在中国传统插花中也可以用作三大主枝；
- 有时花序先端略微弯曲，插制时应注意其弯曲的方向性；
- 多分枝时本身就具有了组群、群丛的效果，可用作空间过渡或主景陪衬；
- 单独分解小花可用于精巧首饰花的制作。

姜荷花

市场名
泰国郁金香

拉丁学名：*Curcuma alismatifolia*
英 文 名：Siam tulip
花语花义：因缘
瓶 插 期：7–14天

色彩范围

市场供应期（月份）

花材特点

- 呈现美丽外观的其实是苞片，真正的小花躲在苞片里面睡懒觉，本是姜科的植物由于苞片莲座状层叠形似荷花，因此得名姜荷花。

保鲜要点

- 适宜的保鲜温度为12-20℃；
- 宜选颜色清新，小花1-2朵开放，苞片边缘未褐变，花莛挺实、无折痕或霉烂的花材；
- 宜在深水中贮存，且要保持稳定的水位；
- 避免风吹，但要保持良好的透气性；
- 宜勤换水；
- 忌于暗室存放，会影响花色。

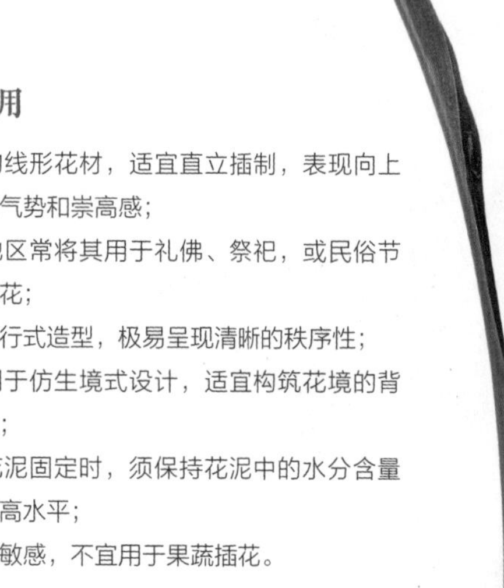

花艺应用

- 挺立的线形花材，适宜直立插制，表现向上挺拔的气势和崇高感；
- 台湾地区常将其用于礼佛、祭祀，或民俗节日的插花；
- 宜作平行式造型，极易呈现清晰的秩序性；
- 也常用于仿生境式设计，适宜构筑花境的背景层次；
- 采用花泥固定时，须保持花泥中的水分含量处于较高水平；
- 对乙烯敏感，不宜用于果蔬插花。

金鱼草

市场名　金鱼草

拉丁学名：*Antirrhinum majus*
英　文　名：Snapdragon
花语花义：童心未泯、活泼热闹、年年有余
瓶　插　期：7–14天

色彩范围

市场供应期（月份）

花材特点

- 金鱼状的小花紧密地排列在高高的花轴上，不断地向上开放，每一朵小花盛开后就像孩子嘟起的小嘴，甚是讨人欢心。

保鲜要点

- 适宜的保鲜温度为2-5℃；
- 宜选开放度适中，花色鲜明，叶片鲜绿、无枯黄或霉烂，花枝较长、挺直、无落花的花材；
- 宜在浅水中贮存，保持良好的透气性，以免滋生霉菌；
- 去除下部多余叶片，勿令叶片沾到水；
- 不宜在暗处存放，会影响花色（及时去除花头部分的纸质包装）；
- 及时去除开败的残花。

花艺应用

- 花枝挺立，适宜在规则式插花作品中构建背景轮廓，或在自然式插花作品中体现竖直向上的力量；
- 花色明亮欢快，适宜营造活泼愉悦的氛围，是喜庆节日等欢乐场合花艺布置的佳选，而不适于沉静、庄重、严肃的会场；
- 小花颇具奇趣，充满童真，适宜表现童趣主题的插花花艺创作；
- 花序先端幼嫩的部分极易脱水萎蔫，可预先去除；
- 残花易落，不宜用于餐桌花饰；
- 对乙烯敏感，不宜用于果蔬插花。

蜡梅

市场名 蜡梅

拉丁学名：*Chimonanthus praecox*
英文名：Wintersweet
花语花义：刚强、忠贞、浩然正气、慈爱之心
瓶插期：5–8天

色彩范围

市场供应期（月份）

1	2	3
4	5	6
7	8	9
10	11	12

花材特点

- 蜡质的花瓣晶莹剔透，静静地散发着阳光的温暖，在寂寞的冬日中为我们默默地传送馨香。

花艺应用

- 蜡梅是冬季的当令花，具有冬的季相特征，因此宜用于冬日主题的插花花艺创作；
- 明亮的色泽、怡人的芬芳，使其十分适宜客厅、书房、办公室等小空间的插花花艺布置；
- 木本的线条经过细心修剪后，很适合与团块形花材搭配作中式传统插花造型，写景、写意皆可；
- 使用时应考虑蜡梅的精神面貌，宜作直立或倾斜造型，不宜作水平或下垂插制；
- 为稳固花枝，可对其基部进行“十”字剪切，使之形成多脚的效果，以利站稳；
- 花枝易折，花朵易掉，使用时应多加小心。

保鲜要点

- 适宜的保鲜温度为0-2℃；
- 宜选花苞初绽，但尚未完全开放的花材；
- 宜在浅水中贮存，存放处应保持良好的透气性；
- 若要花蕾均能正常开花，可采用温水养护或适当补充营养液；
- 为保证花枝充分吸水，可将花枝基部做“十”字剪口处理。

落新妇

市场名　泡盛草

拉丁学名：*Astilbe chinensis*
英 文 名：Chinese astilbe
花语花义：我愿清澈的爱着你
瓶 插 期：5-7天

色彩范围

市场供应期（月份）

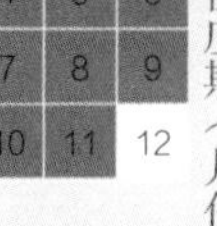

花材特点

- 小花纤细而精巧，一级一级地构建了一个大大的圆锥花序，轻盈而笃定，和煦又含情，这温婉秀丽的样子正如新妇出闺，令人过目难忘。

保鲜要点

- 适宜的保鲜温度为2-5℃；
- 宜选花枝挺立，花型整齐对称，花色鲜亮，叶片无枯黄或病斑的花材；
- 宜用烧灼法处理切口；
- 去除下部多余叶片，勿令叶片沾到水；
- 吸水力强，应每日检查水位，及时补充到位；
- 可直接在阴凉处风干成干花使用。

花艺应用

- 茎秆细而坚挺，花枝轻盈，稳定性好，适宜向各个方向扩展空间；
- 具有朦胧美，适宜在新娘手花或手把花束中丰富质感，变换虚实；
- 宜多枝组合作组群、群丛、平行或阶梯等设计，既能体现时尚华美的现代感，又能营造烂漫多姿的田园风趣；
- 可单独分解小花穗或叶片，进行胸花、肩花等小型人体花饰的制作；
- 对乙烯敏感，不宜用于果蔬插花；
- 截口处有白色乳汁外溢，使用时宜戴手套加以防护。

麻叶绣线菊

市场名 小手球

拉丁学名：*Spiraea cantoniensis*
英文名：Reeve's spiraea
花语花义：优雅、高贵、品位、努力、友情
瓶插期：7-10天

色彩范围

市场供应期（月份）

1	2	3
4	5	6
7	8	9
10	11	12

花材特点

- 半球形的小花序在细柔的小枝上同向迭起，仿佛水面波浪泛着莹莹的光芒，弧形的小枝不胜其重，微微颤动，任谁也怕惊扰了这少女般的娇羞。

保鲜要点

- 适宜的保鲜温度为2-5℃；
- 宜选花序饱满、花色洁白，或者叶片鲜绿、无褐斑、无落叶，枝条强健的花材；
- 宜在深水中贮存，避免阳光直射；
- 去除下部多余叶片，勿令叶片沾到水；
- 为保证花枝充分吸水，可将花枝基部做“十”字剪口处理；
- 及时去除开败的小花。

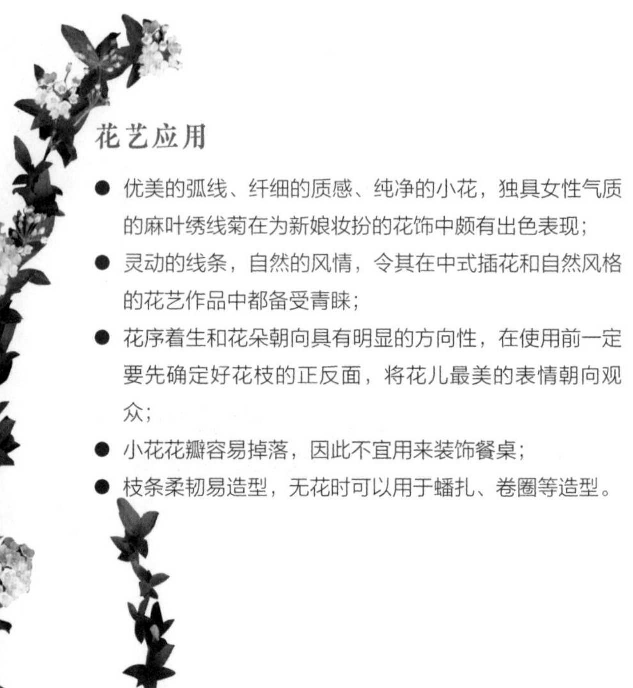

花艺应用

- 优美的弧线、纤细的质感、纯净的小花，独具女性气质的麻叶绣线菊在为新娘妆扮的花饰中颇有出色表现；
- 灵动的线条，自然的风情，令其在中式插花和自然风格的花艺作品中都备受青睐；
- 花序着生和花朵朝向具有明显的方向性，在使用前一定要先确定好花枝的正反面，将花儿最美的表情朝向观众；
- 小花花瓣容易掉落，因此不宜用来装饰餐桌；
- 枝条柔韧易造型，无花时可以用于蟠扎、卷圈等造型。

日本樱花

市场名 樱花

拉丁学名：*Prunus × yedoensis*
英 文 名：Yoshino cherry
花语花义：精神之美、纯洁、修养
瓶 插 期：7–10天

色彩范围

市场供应期（月份）

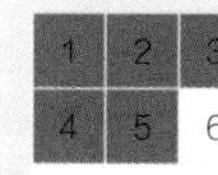

1	2	3
4	5	6
7	8	9
10	11	12

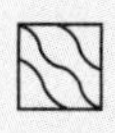

花材特点

- 深受日本人民喜爱的，代表春天的花材，由开花到展叶，一路欣欣向荣地给我们送来了春的喜悦。

保鲜要点

- 适宜的保鲜温度为2–5℃；
- 宜选花苞大部分已吐色，枝条强健的花材；
- 勿向花枝喷水，否则容易在花瓣上留下水痕；
- 花枝易脱水，须避免风吹；
- 花枝吸水能力较弱，须将花枝基部做“十”字剪口处理，以利吸水；
- 不宜用花泥进行保鲜。

花艺应用

- 来自东方的花材，十分适宜东方风格的插花作品，尤其在日式插花中十分常见；
- 在春季芬芳吐蕊的习性，使之成为春日装扮家居环境的良材，适宜创作春天题材的插花花艺作品；
- 在自然风格的春季婚礼花艺设计中，用其插制拱门和路引可营造出浪漫温馨的气氛；
- 在整枝修剪时除考虑枝条走势外，还应注意花苞的着生位置，以免浪费花材；
- 花苞易碰落，使用时应多加小心。

蛇鞭菊

市场名 蛇鞭菊

拉丁学名：*Liatris spicata*
英 文 名：Dense blazing star
花语花义：警惕、努力、独领风骚
瓶 插 期：7–10天

色彩范围

市场供应期（月份）

1	2	3
4	5	6
7	8	9
10	11	12

花材特点

- 花茎挺直有力，撑起由许多头状小花序聚集成的长穗状花序，由上向下依次开花，形成了憨实的棒槌造型，而那细密柔软的花丝又给它披上了毛绒外衣，真可谓刚柔相济。

保鲜要点

- 适宜的保鲜温度为2–5℃；
- 宜选顶端小花已开放，无残花，叶片无枯黄、萎蔫或霉烂，花枝较长、挺立的花材；
- 宜在浅水中贮存，远离热源，避免风吹；
- 去除下部多余叶片，勿令叶片沾到水；
- 保持良好的透气性，勿紧拥密置，以免滋生霉菌；
- 可直接在阴凉处风干成干花使用。

花艺应用

- 线条感极强，且蕴含力量，在一些平行式的设计中，可以带来足够的视觉冲击；
- 体量相对较轻，适宜向各个方向发散，常用于西式传统规则型插花的骨架构建；
- 长长的花枝呈现硬直的线性效果，足以打开大空间，撑起大体量的插花作品；
- 可作为手把花束的配花出现，尤其适宜蓝紫色系的花束创作；
- 叶片细密易折，使用时应适当疏剪，以利整体的美观性；
- 盛开的头状小花序好似绒毛球，可将其用于分解重组、粘贴铺陈等设计。

穗花婆婆纳

市场名 虎尾

拉丁学名：*Veronica spicata*
英 文 名：Spiked speedwell
花语花义：忠诚、信赖
瓶 插 期：7–10天

花材特点

- 蓝紫色或白色的小花紧密地呈穗状排列在花轴上，下大上小，缓慢过渡，妆扮得一条长长的花穗呈现毛绒般的质感，又时有微弯，好似虎尾。

保鲜要点

- 适宜的保鲜温度为2–5℃；
- 宜选花枝挺立，开放度好，花穗较直，花色鲜亮，叶片无枯黄、病斑或霉烂的花材；
- 宜在深水中贮存，远离热源，避免风吹；
- 去除下部多余叶片，勿令叶片沾到水；
- 宜勤剪花枝基部，以利吸水；
- 一旦脱水，可采取温水浸烫法进行急救。

花艺应用

- 长而微弯的弧线往往带有风的动感，十分适宜在作品中营造山野意趣和自然风情；
- 宁静的色彩，使之在禅意插花和茶席插花中都有极佳的表现；
- 轻盈的线条感加之冷凉的色彩效果，使之在夏日的插花花艺作品中能够满足人们对清风徐来的渴望；
- 在花泥中不易吸水，因此更适于花束制作和水养插花；
- 花序和茎秆都柔软易折，使用时应多加留意；
- 腋生的小花序若过于柔弱则极易脱水，不宜分解下来单独使用。

唐菖蒲

市场名 剑兰

拉丁学名：*Gladiolus gandavensis*
英 文 名：Sword lily
花语花义：慷慨、康宁、步步高
瓶 插 期：10–14天

色彩范围

市场供应期（月份）

花材特点

- "世界四大鲜切花"之一，典型的线形花材，长长的花序亭亭玉立，小花分列左右，下大上小，形似宝剑，英姿飒爽。

保鲜要点

- 适宜的保鲜温度为2–8℃；
- 宜选下部花苞已吐色，叶片无病斑或枯梢，花枝较长、挺直且基部未褐变的花材；
- 宜在深水中贮存，保持良好的透气性，以免滋生霉菌；
- 水养前宜将花枝基部剪去10cm左右以利吸水；
- 远离热源，避免风吹，忌向花枝喷水；
- 及时去除开败的残花。

花艺应用

- 小花由下向上依次开放，给人步步高升、越来越好的感觉，是大型庆典花篮的首选骨架花材；
- 花色丰富，不同色彩往往会给人带来不一样的感觉，如粉色青春活泼，适合送给年轻女士，紫色典雅贵气，适合宴会花艺布置；
- 趋光性强，先端极易弯曲，呈现较强动感，可利用这一特点作灵活多变的自由式设计；
- 若进行规则式花型插制，则须将先端弯曲的部分去除，以免破坏形体感；
- 可分解小花单独插制或用于重组造型；
- 叶片也是极好的插花素材，可按摩造型取得动势，常见于中式插花；
- 对乙烯敏感，不宜用于果蔬插花。

花材特点

- 开，朵朵天真，烂漫满枝的欣喜；落，片片随风，牵扯一腔的怜惜——从传说中、诗句中、故事中走来的早春仙子，伴着华夏民族多少的传奇。

保鲜要点

- 适宜的保鲜温度为2-5℃；
- 宜选花苞已吐色，枝条强健的花材；
- 为保证花蕾开花质量，可适当补充营养液；
- 为保证花枝充分吸水，可将花枝基部做“十”字剪口处理；
- 不宜用花泥进行保鲜；
- 及时去除开败的残花。

花艺应用

- 无需刻意寻找它种配材，即便一枝独秀，或两三枝配合，仅桃花自己便能撑起一瓶春色；
- 花开花落的兴衰过程会给人时光荏苒的启示，最宜在玄关、案头等视线容易触及的地方安置，成为人们春日里激发进取的红颜助理；
- 三生三世的仙侣奇缘使其成为婚礼的浪漫经典和美好祝愿，繁枝密置、花开紧簇才能实现理想的布景效果；
- 花败时花瓣片片掉落，因此不宜用来装饰餐桌；
- 花枝较硬，不易弯曲，仅适合对其进行修剪造型。

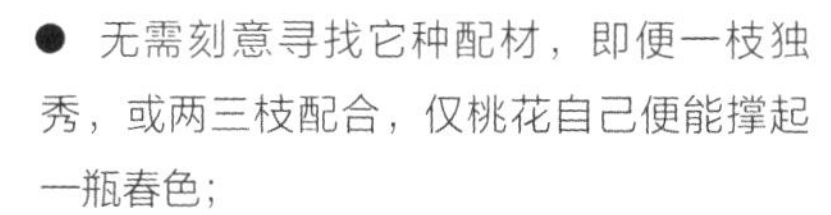

桃

市场名　桃花

拉丁学名：*Amygdalus persica*

英文名：Peach

花语花义：大展宏图

瓶插期：7–10天

色彩范围

市场供应期（月份）

1	2	3
4	5	6
7	8	9
10	11	12

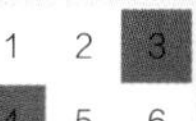

万代兰

市场名 万代兰

拉丁学名：*Vanda spp.*

英 文 名：Vanda orchid

花语花义：长久的祝福

瓶 插 期：10–21天

色彩范围

市场供应期（月份）

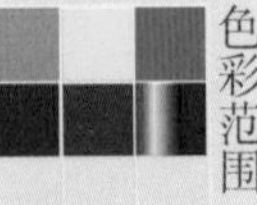

花材特点

- 花大色丰的优质热带兰品类，花瓣上多有斑点或网格状斑纹，新加坡国花，又被其国人称为“卓锦”。

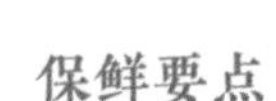

保鲜要点

- 适宜的保鲜温度为7–15℃；
- 宜选花色鲜亮，花瓣厚实、硬挺、无伤痕或病斑，花枝较长、挺实，基部未变褐的花材；
- 宜在浅水中贮存，保持一定的空气湿度，定期喷水以补充散失的水分；
- 及时拆除包装物，宜在温暖的环境贮存，远离热源，避免风吹；
- 及时去除开败的残花；
- 短时间脱水的花朵可以采取温水浸泡法恢复膨压。

花艺应用

- 具南国风情，适宜表现热带风光和东南亚美景；
- 属于高档花材，是时代风尚、个性追求、层次体现的表征，常见于一定规模的空间花艺设计；
- 整枝使用多见于大中型插花作品或新娘手花；
- 单朵小花可用于胸花、新娘头花、花环等精致人体花饰的制作；
- 分解下来的小花或花瓣也适于粘贴、串连等现代花艺手法的处理；
- 将单朵花浮于以浅碗水面的设计也适宜装饰现代餐桌。

保鲜要点

- 适宜的保鲜温度为7-15℃；
- 宜选分枝较多，着花量大，1/2花苞开放，无落花，花色鲜亮，花莛较长、有弹性的花材；
- 宜在浅水中贮存，保持一定的空气湿度，定期喷水以补充散失的水分；
- 及时拆除包装物，宜在温暖的环境贮存，远离热源，避免风吹；
- 及时去除开败的残花。

花艺应用

- 花莛纤细且坚韧，便于剪切和深入花泥，广泛适用于各类插花花艺造型；
- 体量轻盈，活泼自然，适宜表现自由洒脱、天真烂漫的主题；
- 花色明亮，朝气蓬勃，适宜表现新春伊始、积极进取的主题；
- 分枝多而开展，是放射状造型的优质素材；
- 易弯曲或盘卷，可作拱形设计或环式造型的骨架；
- 小花可用粘贴的技法进行重组造型。

花材特点

- 小花造型奇特，状如裙装少女正张开手臂翩翩起舞，轻盈的花枝随风而动时，这些少女便活了起来，曼妙的舞姿趣味横生。

文心兰

市场名 跳舞兰

拉丁学名：*Oncidium sphacelatum*

英文名：Kandyan dancer orchid

花语花义：一起跳舞、乐不思蜀

瓶插期：10–14天

色彩范围

市场供应期（月份）

1	2	3
4	5	6
7	8	9
10	11	12

香雪兰

市场名
小菖兰/小苍兰

拉丁学名：*Freesia refracta*
英 文 名：Common freesia
花语花义：天真、信任
瓶 插 期：5–7天

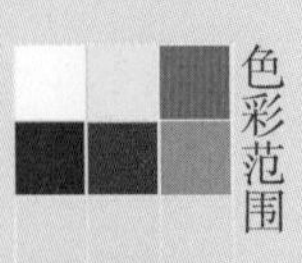

色彩范围

市场供应期（月份）

花材特点

- 纤细而曲线优美，恬淡而芳香馥郁，天生具有清丽典雅的淑媛气质和宁静致远的君子风韵。

花艺应用

- 含蓄优雅的美与灵动的线条感十分符合东方的审美情趣，深受中日插花爱好者的青睐；
- 在禅意插花或茶席插花中多以1–2枝的曼妙姿态构筑深远意境；
- 现代花艺中也常用其装饰架构或展现随性、自由的主题；
- 体量轻盈且宜水养，是环保型花艺设计试管插花的优质素材；
- 花茎较纤弱，使用时应注意；
- 对乙烯敏感，不宜用于果蔬插花。

保鲜要点

- 适宜的保鲜温度为5–8℃；
- 宜选花序曲度优美，仅花序基部一朵小花吐色或展瓣，无败花，且花茎挺立的花材；
- 宜在浅水中贮存，远离热源，避免风吹；
- 为保证花蕾开花质量，可适当补充营养液；
- 及时去除开败的残花。

皱皮木瓜

市场名 贴梗海棠

拉丁学名：*Chaenomeles speciosa*
英 文 名：Flowering quince
花语花义：平凡、热情、先锋、诱惑
瓶 插 期：7–10天

色彩范围

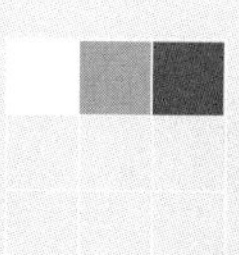

市场供应期（月份）

花材特点

- 白色、红色的花伏茎而走，在叶片碧绿的衬托下更显白的剔透、红的艳丽，为冬春的花艺频添了一道鲜明亮丽的元素。

保鲜要点

- 适宜的保鲜温度为2–5℃；
- 宜选花叶鲜亮，叶上无病斑、虫蚀，无落叶，枝条强健的花材；
- 去除下部多余叶片，勿令叶片沾到水；
- 为保证花枝充分吸水，可将花枝基部做“十”字剪口处理；
- 水养时花枝间应保持一定空隙，勿紧拥密置，以免碰落花、叶；
- 及时去除开败的残花。

花艺应用

- 花枝较粗硬，宜用月牙形的枝剪进行截取；
- 在冬季就有花上市的枝材十分难得，是装扮春节的理想花材；
- 长枝伸展、花叶相间，极具田园风致，适宜讲求线条美的中式插花和表现野趣的花艺设计；
- 使用前须先确定好花枝的正反面，再进行理想枝势的修剪，将花枝最美的效果融入作品；
- 可单独剪取花朵的部分用于小型插花作品；
- 枝上有刺，使用时应注意。

紫罗兰

市场名 紫罗兰

拉丁学名：*Matthiola incana*
英文名：Gillyflower
花语花义：情感的纽带
瓶插期：5–7天

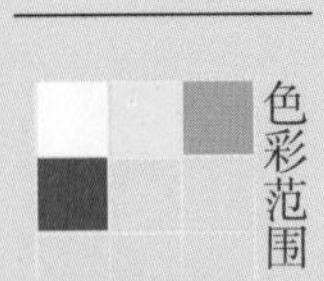
色彩范围

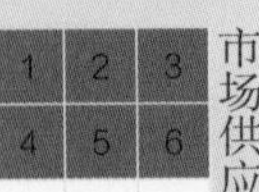

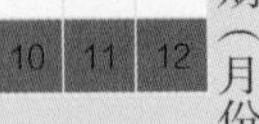

市场供应期（月份）

花材特点

- 名字中专属的色彩感使之同高贵典雅，又神秘浪漫的紫色密不可分，亭亭玉立的姿态更强化了她的庄重气质，好似一位花界的欧洲贵妇。

保鲜要点

- 适宜的保鲜温度为2–5℃；
- 宜选花序饱满，着花量多，无落花，花色纯正、无色变，叶片新鲜、无枯黄或霉烂，花莛挺实、直立的花材；
- 宜在浅水中贮存，因为茎节浸水会滋生细菌，须勤换水，或使用鲜花保鲜剂；
- 去除花茎基部白色生根茎段以利吸水；
- 去除下部多余叶片，勿令叶片沾到水；
- 短时间脱水的花朵可以采取温水浸泡法恢复膨压。

花艺应用

- 经典的线条花材，多用作插花花艺作品的结构骨架；
- 蓝紫色系的品种十分受人喜爱，在海洋主题的婚礼花艺中也常被用到；
- 花香浓郁且独特，用作礼仪鲜花相送时须谨慎；
- 花材畏热，不宜用于高温环境的鲜花装饰；
- 对乙烯敏感，不宜用于果蔬插花；
- 花茎易折，使用时须注意。

紫薇

市场名 百日红

拉丁学名：*Lagerstroemia indica*
英 文 名：Crape myrtle
花语花义：雄辩
瓶 插 期：15-30天

花材特点

- 枝条兀自蔓延出一条长路，叶片整齐地分列两边，好似仪仗队将花儿的绚烂恭送至枝头最顶端，经久不衰地招展，堪称花期之翘楚。

保鲜要点

- 适宜的保鲜温度为8-10℃；
- 宜选叶片整齐、鲜绿，无病斑、虫蚀，枝条较长且有弹性的花材；
- 宜在浅水中贮存，保持一定的空气湿度，避免风吹；
- 为保证开花效果，宜补充适量营养液；
- 去除下部多余叶片，勿令叶片沾到水；
- 为保证花枝充分吸水，可对花枝基部进行锤击或“十”字剪口处理。

花艺应用

- 对于粗壮的主枝，宜用月牙形的枝剪进行截取；
- 花枝蜿蜒起伏，是良好的线条形枝材，十分适宜在作品中扩展空间，增加动感；
- 紫薇姿态舒展而有韵律，具有自由烂漫之相，适宜插制自然风格的作品，是中式插花的理想花材；
- 也可单纯截取花序，在小型花艺作品中用作散形花材，调节虚实，变化质感；
- 花枝柔韧易造型，可通过按摩调整花枝的走势和朝向；
- 枝条表皮粗糙，使用时需留心，以免损伤皮肤。

色彩范围

市场供应期（月份）

1	2	3
4	5	6
7	8	9
10	11	12

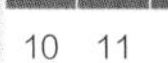
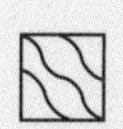

铃兰

市场名 铃兰

拉丁学名：*Convallaria majalis*
英文名：Lily-of-the-valley
花语花义：欢乐、幸福
瓶插期：4-6天

色彩范围

1	2	3
4	5	6
7	8	9
10	11	12

市场供应期（月份）

花材特点

- 风铃般的白色小花调皮地挤在花莛一侧开放，少女般娇羞地低着头，纯净得一尘不染，惹人无限爱怜。

保鲜要点

- 适宜的保鲜温度为0-1℃；
- 宜选花型美观、无残花，花色洁白，花莛充实、有弹性的花材；
- 宜在深水中贮存，保持一定的空气湿度；
- 补充适量的营养液以利开花；
- 宜适当喷水以补充散失的水分；
- 避免阳光直射，远离热源。

花艺应用

- 身材有限，适宜构建小型插花作品或者作为大中型作品的修边素材；
- 最宜做单一素材的花艺设计，自花配自叶更能展现出纯洁无瑕的魅力；
- 作为婚礼的祝福，常见于新娘手花和新郎胸花的造型中；
- 可分解小花用于精致首饰花的创作；
- 不宜用花泥保鲜，尽量用于水养花艺设计；
- 花莛柔弱易折，使用时须注意。

葡萄风信子

市场名
葡萄风信子

拉丁学名：*Muscari armeniacum*
英 文 名：Grape hyacinth
花语花义：爱无止境
瓶 插 期：4—8天

色彩范围

市场供应期（月份）

1	2	3
4	5	6
7	8	9
10	11	12

花材特点

- 泛着天空蓝的钟形小花葡萄串一样着生在肉质的花莛先端，由下至上渐次缩小，由下至上渐次开放。

保鲜要点

- 适宜的保鲜温度为2-5℃；
- 宜选花型规整、无残花，花色清雅，花莛充实、有弹性的花材；
- 宜在浅水中贮存，保持良好的透气性；
- 宜于在凉爽的环境贮存，远离热源；
- 补充适量的营养液以利开花；
- 一旦脱水，可将其整枝浸入温水中进行急救。

花艺应用

- 花莛线形柔美，十分适宜作平行式花束的设计；
- 插制于透明的玻璃容器中，可将植株整体的美展露无遗；
- 花色中极为少见的天蓝色能够带给夏季的花礼营造蔚蓝的希望和清爽；
- 可通过按摩对花莛进行弯曲造型以获得理想的姿态；
- 不宜用于花泥插花。

薰衣草

市场名：薰衣草

拉丁学名：*Lavandula angustifolia*
英 文 名：Lavender
花语花义：爱、献身
瓶 插 期：5–10天

色彩范围

市场供应期（月份）

1	2	3
4	5	6
7	8	9
10	11	12

花材特点

- 花莛细硬略显粗糙，花序层层递进如宝塔形，粒粒小花含蓄而内敛，怡人的香氛传递出情谊绵绵。

保鲜要点

- 适宜的保鲜温度为5–8℃；
- 宜选花序挺直、不弯垂，花色雅致、不黯淡，叶片鲜润，花莛挺直、有弹性的花材；
- 宜在浅水中贮存，保持良好的透气性，忌花枝喷水；
- 去除下部叶片，勿令叶片沾到水；
- 远离热源，宜使用保鲜剂；
- 可直接在阴凉处风干成干花使用。

花艺应用

- 身材小巧，适宜在中小型插花创作中用作配材；
- 花色低调，花香淡雅，可为夏日的餐桌花饰增添层次，丰富审美体验；
- 体量感不强，宜多枝组群插制以获得理想的视觉效果；
- 经典的香薰花材，宜搭配化妆品等进行花艺礼盒设计；
- 单纯的小花束是时尚新宠，常被高端会所作为伴手礼赠予嘉宾；
- 理想的压花素材。

多叶羽扇豆

市场名：羽扇豆

拉丁学名：*Lupinus polyphyllus*

英 文 名：Many-leaved lupine

花语花义：想象力

瓶 插 期：5–7天

色彩范围

市场供应期（月份）

1	2	3
4	5	6
7	8	9
10	11	12

花材特点

- 各个精神饱满的小花整齐地排列成一个显著的长花序，花色由下至上形成了柔和的渐变效果，远望去仿佛盛装贵妇持重而优雅。

保鲜要点

- 适宜的保鲜温度为2-5℃；
- 宜选花序较长、匀称、饱满，花色亮丽，叶片鲜润，无枯黄或霉烂，茎秆充实挺直、有弹性的花材；
- 宜在浅水中贮存，保持一定的空气湿度；
- 宜勤换水、勤剪根，并使用保鲜剂；
- 远离热源，避免风吹；
- 一旦脱水，可将其茎秆基部浸入热水中进行剪切以急救。

花艺应用

- 身材高挑，花型硕大，适宜插制大型插花作品或有一定纵深感的空间花艺布置；
- 线条的外形，直立而庄重，适宜垂直插制，以体现自然的姿态美；
- 单枝应用比较突兀，宜3-5枝群丛式造型，创造花园生境的效果；
- 个体十分醒目，搭配花材时要分清主次和层次关系，否则易喧宾夺主；
- 可单独截取小花进行胸花、腕花等精致花饰的制作；
- 叶片也是插花的理想素材，可独立使用。

苋

市场名 雁来红

拉丁学名：*Amaranthus tricolor*
英文名：Edible amaranth
花语花义：老当益壮
瓶插期：10–15天

色彩范围

市场供应期（月份）

1	2	3
4	5	6
7	8	9
10	11	12

花材特点

- 深红色的穗状花序带来了晚霞的余晖，虽然已是夕阳西下，但饱满健康的风采依然蓬勃着年轻的朝气。

花艺应用

- 较为粗壮的线形花材，体量感强，适宜大型插花或空间花艺设计的背景构建；
- 宜直立插制，倾斜插制时须对基部进行稳定重心的处理；
- 色彩较重，有谷穗的效果，宜表现深秋及五谷丰登的情景；
- 在礼盒等中小型花艺设计中，可分解小花穗用于填充空间，铺垫底色；
- 以铁丝串连小花穗，还可用于悬挂、盘绕等造型
- 花茎较粗，用剑山固定时可将花茎基部进行“十”字剖切，以便于插入。

保鲜要点

- 适宜的保鲜温度为2–5℃；
- 宜选花穗较长、饱满紧实，花色艳丽、有光泽，花茎粗壮直立，基部未褐变的花材；
- 宜在浅水中贮存，保持良好的透气性；
- 去除下部叶片，勿令叶片沾到水；
- 宜补充适量的营养液；
- 远离热源，避免风吹。

—— 散形花材 ——

即外形呈散点状的植物花朵类鲜切花素材，通常为多分枝的小花型种或品种如千日红、多分枝的菊花等，或者为开展、蓬松的花序如圆锥石头花、深波叶补血草等。这类花材的观赏特性表现在整体花形的层次变化和群体效果上，在插花花艺作品中往往可以起到填充空位、丰富层次、调节虚实的作用，常用作填充花。

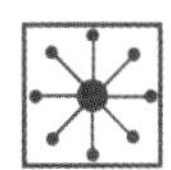

银边翠

市场名
高山积雪/叶上花

拉丁学名：*Euphorbia marginata*
英 文 名：Snow-on-the-mountain
花语花义：纯洁
瓶 插 期：4-6天

色彩范围

市场供应期（月份）

花材特点

- 小花虽开在枝顶，但并不起眼，倒是越向上层就越多白色纹理的叶子，仿佛盛开的花朵，也仿佛在高高的山顶常年不化的积雪。

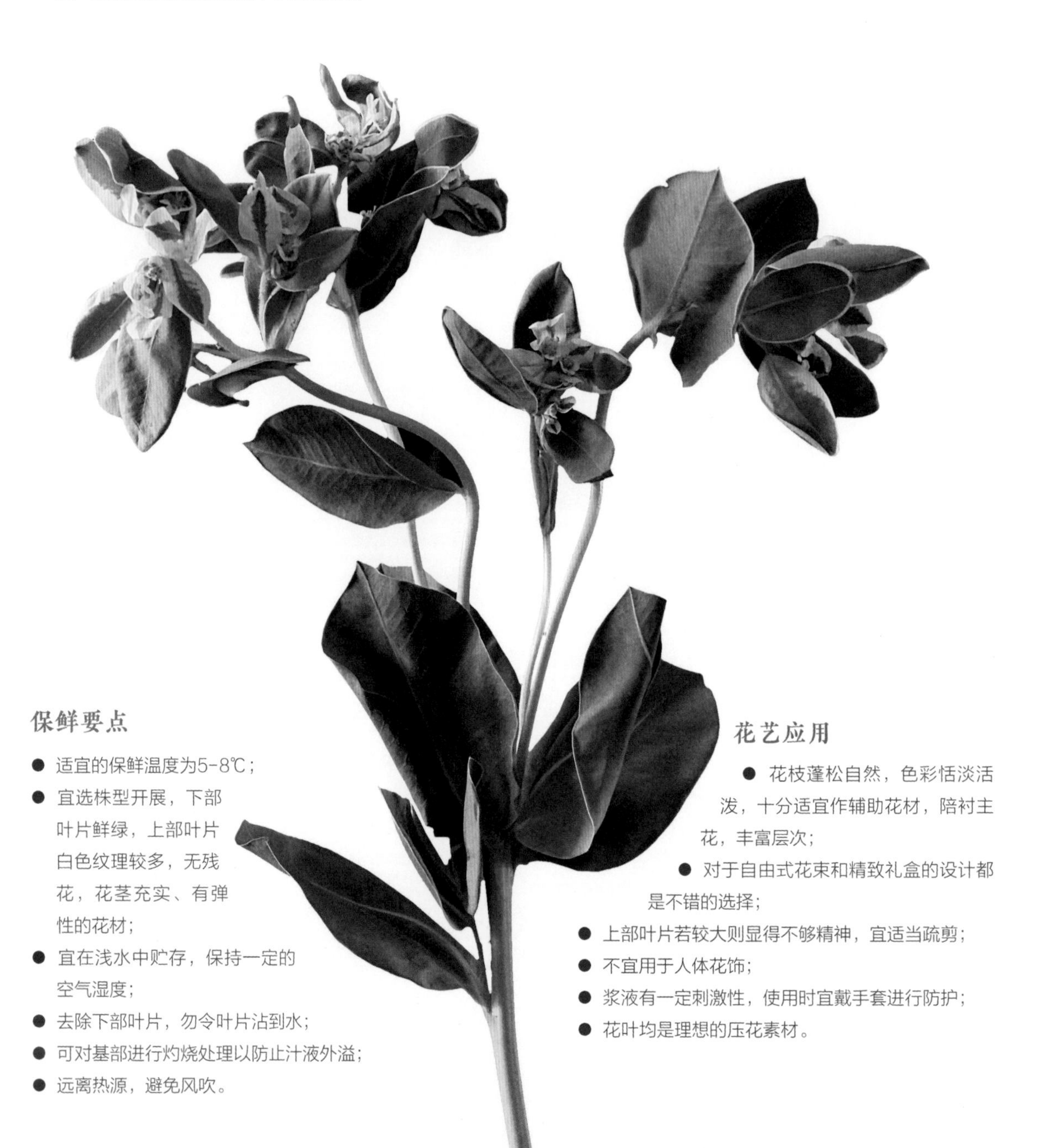

保鲜要点

- 适宜的保鲜温度为5-8℃；
- 宜选株型开展，下部叶片鲜绿，上部叶片白色纹理较多，无残花，花茎充实、有弹性的花材；
- 宜在浅水中贮存，保持一定的空气湿度；
- 去除下部叶片，勿令叶片沾到水；
- 可对基部进行灼烧处理以防止汁液外溢；
- 远离热源，避免风吹。

花艺应用

- 花枝蓬松自然，色彩恬淡活泼，十分适宜作辅助花材，陪衬主花，丰富层次；
- 对于自由式花束和精致礼盒的设计都是不错的选择；
- 上部叶片若较大则显得不够精神，宜适当疏剪；
- 不宜用于人体花饰；
- 浆液有一定刺激性，使用时宜戴手套进行防护；
- 花叶均是理想的压花素材。

澳蜡花

市场名
蜡花/澳梅

拉丁学名：*Chamelaucium uncinatum*
英文名：Waxflower
花语花义：温顺
瓶插期：10－14天

色彩范围

市场供应期（月份）

1	2	3
4	5	6
7	8	9
10	11	12

花材特点

- 小小的5瓣花上仿佛涂了一层薄蜡，光洁润泽，均匀地分布在枝叶纤细的植株表层形成经典的圆锥花型，如精工细作的凤冠珠花，分外可爱。

保鲜要点

- 适宜的保鲜温度为2-8℃；
- 宜选株型均称，花量较多，花色柔和，叶色鲜亮，茎秆粗壮挺实、不干硬的花材；
- 宜在浅水中贮存，保持良好的透气性；
- 为保证充分吸水，可将花枝基部做“十”字剪口处理；
- 易染霉菌，忌向花枝喷水；
- 远离热源，避免风吹。

花艺应用

- 对于粗壮的主枝，宜用枝剪进行截取；
- 宜多枝成束插于瓶中水养，幽静典雅，气质可嘉；
- 茎秆较长，是花束制作的理想配材，插于主花边缘，可柔化整体作品的外轮廓；
- 枝条粗壮，插制时为使其稳固，可对其基部进行“十”字剪切，使之形成多脚的效果，以利站稳，且增加吸水面积；
- 花瓣易落，不宜用于餐桌花创作；
- 对乙烯敏感，不宜用于果蔬插花。

扁叶刺芹

市场名
刺芹/情人果

拉丁学名：*Eryngium planum*
英 文 名：Blue eryngo
花语花义：静静守候
瓶 插 期：10－14天

色彩范围

市场供应期（月份）

1	2	3
4	5	6
7	8	9
10	11	12

花材特点

- 叶片具刺、花朵针状，周身散发着格格不入的高冷气质。

花艺应用

- 造型别致，宜体现个性化和时代感，多见于精美别致的花礼创作和高级会所的花艺布置；
- 色彩冷艳，具金属光泽，配合金属花器更显现代派和工业风；
- 质感粗糙，宜诠释张扬、奔放的自由式设计；
- 叶片易脱水，整枝使用时可适当疏除；
- 叶片有刺，使用时须小心。

保鲜要点

- 适宜的保鲜温度为8－10℃；
- 宜选分枝较多，花型匀称，花色鲜亮，叶色翠绿、无枯黄或霉烂，茎秆挺实、有弹性的花材；
- 宜在深水中贮存，保持良好的透气性；
- 去除下部叶片，勿令叶片沾到水；
- 宜勤换水、勤剪根，并使用保鲜剂；
- 可直接在阴凉处风干成干花使用。

花材特点

- 并不多见的多肉类切花素材，小花星状，虽然在枝顶汇聚得紧凑饱满，但色彩柔和，并不招摇，可以百搭，是理想的花艺配材。

花艺应用

- 对于粗壮的花茎，宜用枝剪进行截取；
- 多肉的体质，在现代花艺设计中能够提供良好的质感对比，有助于丰富多样性；
- 花型紧凑密满，体量感强，可迅速地占据空间，构筑底色，是良好的填充素材；
- 从花序基部一分为二，可获得花序和茎叶两种不同的配材效果；
- 分解叶片用铁丝支撑可进行重组造型；
- 花枝较重，作倾斜插制时宜用铁丝、竹签等进行辅助支撑，以稳定造型。

保鲜要点

- 适宜的保鲜温度为5-8℃；
- 宜选花团紧簇，花将吐色，叶片厚实、无折损，叶色鲜亮，茎秆挺实，基部未褐变的花材；
- 宜在浅水中贮存，保持良好的透气性；
- 去除下部叶片，勿令叶片沾到水；
- 宜使用保鲜剂；
- 远离热源，避免风吹。

长药八宝

市场名　景天

拉丁学名：*Hylotelephium spectabile*

英文名：Showy stonecrop

花语花义：吉祥

瓶插期：7–10天

色彩范围

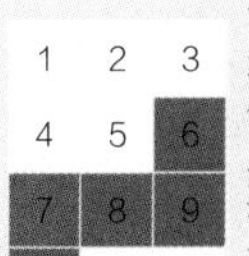

市场供应期（月份）

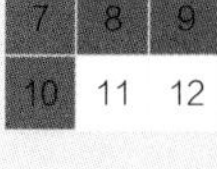

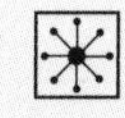

翠菊

市场名　迷你菊

拉丁学名：*Callistephus chinensis*
英文名：China aster
花语花义：忠诚、信念、守护爱
瓶插期：7–10天

色彩范围

1	2	3
4	5	6
7	8	9
10	11	12

市场供应期（月份）

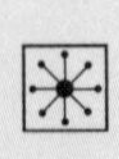

花材特点

- 分枝由下至上形成簇拥的圆柱状株型，头状花序单生于枝顶，花冠平展，花心坦诚，一片忠贞，我见犹怜。

花艺应用

- 色彩艳丽，加入作品中会与其他花材形成鲜明的反差，可以起到相得益彰的作用；
- 插于色泽较深，体量感较强的金属类容器，宜显统一稳重、古典尊贵；
- 插于色泽清透，体量感较弱的玻璃容器，宜显明丽雅致，时尚个性；
- 叶片极易脱水萎蔫，整枝使用时可进行适当疏除；
- 分解小花可用于精巧细致的首饰花创作；
- 花朵是理想的压花素材，可整朵进行压制。

保鲜要点

- 适宜的保鲜温度为2-10℃；
- 宜选分枝较多，花苞半开、无折头或落瓣，叶片翠绿、无枯黄或霉烂，花枝挺直，基部未褐变的花材；
- 宜在浅水中贮存，保持良好的通风透气性，宜使用保鲜剂；
- 去除下部叶片，勿令叶片沾到水；
- 及时去除残花，并补充适量营养液以利开花；
- 宜冷凉处贮存，温暖条件下会污染水质。

翠珠花

市场名　蓝蕾丝花

拉丁学名：*Trachymene coerulea*
英文名：Blue lace flower
花语花义：祝你幸福
瓶插期：5–7天

色彩范围

市场供应期（月份）

1	2	3
4	5	6
7	8	9
10	11	12

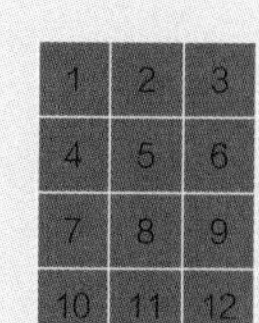

花材特点

- 新型切花素材，半球形花序小巧精致，淡雅的花色清新怡人，昂扬在轻盈的花枝上，姿态优雅，气质高贵。

保鲜要点

- 适宜的保鲜温度为2–5℃；
- 宜选花苞较多，花冠整齐匀称，花色亮丽，叶色鲜润，枝条有弹性，基部未褐变的花材；
- 宜在浅水中贮存，保持一定的空气湿度；
- 去除下部多余叶片，勿令叶片沾到水；
- 远离热源，避免阳光直射与风吹；
- 及时去除残花，并补充适量营养液以利开花。

花艺应用

- 分枝较多、蓬勃舒展，整枝宜于大中型插花花艺作品中填充空间、过渡虚实，轻盈的质感可让作品更加“透气”；
- 色调淡雅，晶莹剔透，在花礼中可提升作品档次，更显精致华贵；
- 柔美的姿态和灵秀的气质可为婚礼花艺增和谐轻快的律动感；
- 分解小枝可用于小型花束、花篮、花盒等礼仪插花的设计；
- 单独剪取花头可进行精美首饰花的创作；
- 花瓣易落，不宜用于餐桌花艺布置。

大阿米芹

市场名　蕾丝花

拉丁学名：*Ammi majus*
英 文 名：Laceflower
花语花义：细腻的爱
瓶 插 期：10–14天

色彩范围

市场供应期（月份）

1	2	3
4	5	6
7	8	9
10	11	12

花材特点

- 一簇簇洁白的小花构成的蕾丝花边在枝头撑起了一把把精致的阳伞，美轮美奂，巧夺天工。

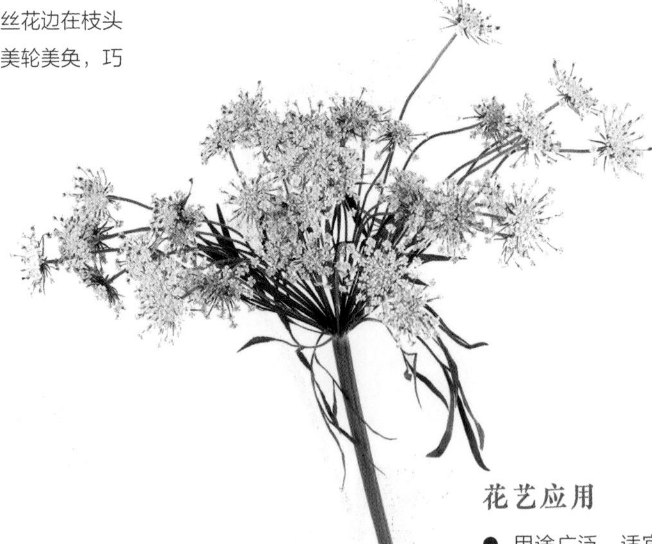

花艺应用

- 用途广泛，适宜搭配各种花材，能够提升作品品质；
- 在夏季婚礼花艺中，既可增添精致柔美的气质，又能为炎热的夏季注入一丝清凉与恬静；
- 加入花盒、花礼的设计中，会让整个作品倍加高端时尚，不同凡响；
- 宜与珍珠、缎带、珠针等装饰性材料共用，凸显华丽而浪漫的设计感；
- 在一些表现自然野趣的花艺设计中也可发挥积极作用；
- 小花易落，不宜布置餐桌花；
- 花序是理想的压花素材。

保鲜要点

- 适宜的保鲜温度为2-5℃；
- 宜选花型开展，花色洁白，不垂头，花枝充实挺直、有弹性的花材；
- 宜在浅水中贮存，保持一定的空气湿度；
- 去除下部叶片，勿令叶片沾到水；
- 宜使用保鲜剂；
- 远离热源，避免阳光直射。

二色补血草

市场名　水晶草

拉丁学名：*Limonium bicolor*
英 文 名：Limonium
花语花义：自信、勇气
瓶 插 期：10—14天

色彩范围

市场供应期（月份）

1	2	3
4	5	6
7	8	9
10	11	12

花材特点

- 补血草大家庭中的一员，理想的填充花材，漏斗状的萼筒先端开成五角星好似一个个小喇叭，正吹响欢乐的号角。

保鲜要点

- 适宜的保鲜温度为2–8℃；
- 宜选分枝较多，株型蓬松，小花正开，花色鲜亮，花枝挺直且有弹性的花材；
- 宜在浅水中贮存，保持良好的透气性；
- 宜使用保鲜剂；
- 远离热源，避免风吹；
- 可直接在阴凉处风干成干花使用。

花艺应用

- 株型蓬松开展成伞形，适宜在半球型的作品中充当配角，以利完美造型；
- 花色明亮，与深色花材搭配可相得益彰，与浅色花材搭配易显琐碎；
- 分解小枝宜用于胸花、头花、花环等服饰花的造型；
- 小花易脱落，不宜用于餐桌花创作；
- 具有不良气味，应用时须注意用量；
- 理想的压花素材。

光叶绒球花

市场名
银珊瑚／
银色布鲁纳

拉丁学名：*Brunia laevis*
英 文 名：Silver Brunia
花语花义：低调
瓶 插 期：14–21天

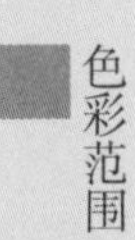

色彩范围

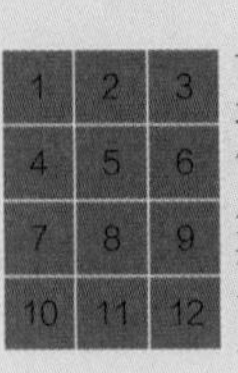

市场供应期（月份）

花材特点

- 原产南非的花材，与绒毛饰球花极为相似，但叶子极小，覆瓦状排满全枝，花序顶生圆球状，整体外观貌似珊瑚。

保鲜要点

- 适宜的保鲜温度为2–5℃；
- 宜选株型紧簇，花量较多，色彩柔和，无褐变，茎秆粗壮挺实、不干硬的花材；
- 宜在浅水中贮存，保持良好的透气性；
- 为保证充分吸水，可将花枝基部做“十”字剪口处理；
- 远离热源，避免风吹。

花艺应用

- 对于粗壮的主枝，宜用枝剪进行截取；
- 异域风情，惹人关注，宜于作品中表现个性设计，或营造时尚感；
- 形、色、质均十分独特，可增加作品的肌理效果，能为设计提供多样性与丰富度；
- 茎秆直立，可整枝用于手绑花束的设计；
- 单独剪取小花球用铁丝支撑可装点胸花、花环和小花束等小型花饰；
- 插制时为使其稳固，可对花枝基部进行“十”字剪切，使之形成多脚的效果，以利站稳。

寒丁子

市场名　寒丁子

拉丁学名：*Bouvardia longiflora*
英 文 名：Bouvardia
花语花义：热情、交际
瓶 插 期：7–14天

花材特点

- 鼓鼓的小花苞仿佛一个个小钉子，四角的花冠具有丁香花的魅力，悠悠的甜香分外怡人，虽不常见却足以一见倾心。

保鲜要点

- 适宜的保鲜温度为2–10℃；
- 宜选花球饱满，花色亮丽，无残花，叶片鲜绿、无枯黄或霉烂，茎秆挺实、有弹性的花材；
- 宜在浅水中贮存，保持良好的透气性；
- 去除下部叶片，勿令叶片沾到水；
- 剪除花枝基部白色的部分以利吸水；
- 宜勤换水、勤剪根，可使用保鲜剂。

花艺应用

- 质感细腻，芳香怡人，特别适合妆扮新娘手花，营造温馨浪漫的氛围；
- 淡雅精致，超凡脱俗，比起大胆夸张的造型，更适宜色调柔和、风格清新的设计；
- 花朵盛开的密满造型体量感强，能够汇聚视线，可作为团块花材构筑焦点；
- 含苞待放的散形花球，低调温婉，宜于主花周围过渡虚实；
- 分解小花可用于精致首饰花的制作；
- 对乙烯敏感，不宜用于果蔬插花。

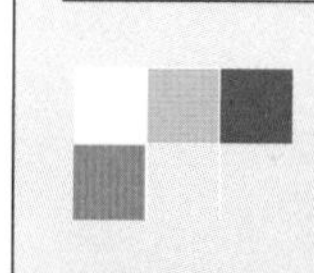

色彩范围

市场供应期（月份）

红花

市场名　橙波罗

拉丁学名：*Carthamus tinctorius*
英 文 名：Safflower
花语花义：诚心诚意
瓶 插 期：7–10天

色彩范围

市场供应期（月份）

1	2	3
4	5	6
7	8	9
10	11	12

花材特点

- 橙色或黄色的绒球状花头，憨态可掬，仿佛呆萌的菠萝球，甚是讨喜，但要小心，她的花叶可都是有刺的呀！

花艺应用

- 花型小巧，高低错落，韵律感十足，适宜营造欢乐喜庆的氛围，多用于宴会、礼堂等花艺布置；
- 橙黄的花色具有秋的气息，宜表现秋天的季相和主题；
- 质感粗中有细，可为花艺设计提供肌理变化，创造多样性；
- 叶片较多，使用时可适当疏剪以获得理想效果；
- 花叶均有刺，使用时须小心。

保鲜要点

- 适宜的保鲜温度为2–4℃；
- 宜选花头较多，花球饱满，花色鲜艳，无残花，叶片浓绿、无枯黄或霉烂，茎秆挺实、不干硬的花材；
- 宜在浅水中贮存，保持良好的透气性；
- 去除下部叶片，勿令叶片沾到水；
- 宜勤换水、勤剪根，且远离热源，避免风吹；
- 可直接在阴凉处风干成干花使用。

黄袋鼠爪

市场名 袋鼠爪

拉丁学名：*Anigozanthos flavidus*
英 文 名：Kangaroo paw
花语花义：幸运
瓶 插 期：14–21天

花材特点

- 原产大洋洲的奇特花卉，身披毛绒外套，分枝明确，层次清晰，小花形似一只只向人们招手的袋鼠爪，色彩亮丽，分外可人。

保鲜要点

- 适宜的保鲜温度为2-5℃；
- 宜选分枝较多，花量较大，花色亮丽，无垂头，茎秆粗壮挺实、有弹性的花材；
- 宜在浅水中贮存，保持一定的空气湿度；
- 为保证充分吸水，可将花枝基部做“十”字剪口处理；
- 宜勤换水、勤剪根，并使用保鲜剂；
- 一旦脱水，可采取热水浸烫法恢复膨压。

花艺应用

- 造型奇特，适合新奇、创新的花艺设计，宜构建趣味中心，引人注意；
- 自由活泼、野趣天成，适宜自然风格的花艺创作；
- 花枝颀长，宜构筑大型插花或空间花艺的背景层次；
- 将小枝分解重组，扎制成束密集插作可获得绒花的造型效果；
- 茎秆结实、耐绑扎，可作架构花艺的骨架应用；
- 绒毛有一定过敏性，使用时宜戴手套以作防护。

色彩范围

1	2	3
4	5	6
7	8	9
10	11	12

市场供应期（月份）

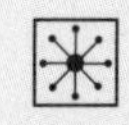

加拿大一枝黄花

市场名
黄莺／黄英

拉丁学名：*Solidago canadensis*
英文名：Canada goldenrod
花语花义：警惕、幸运
瓶插期：8–12天

色彩范围

市场供应期（月份）

花材特点

- 黄米大的头状小花序单面着生在先端略有弯曲的分枝上，整体形成一个大大的圆锥花序，色彩明亮，生机勃勃。

保鲜要点

- 适宜的保鲜温度为2-5℃；
- 宜选株型饱满、蓬松轻盈，小花尚未盛开，外观黄绿色，无折枝，叶片鲜绿，茎秆较长、挺直，基部未褐变的花材；
- 宜在浅水中贮存，保持良好的透气性，远离热源，避免风吹；
- 去除下部叶片，勿令叶片沾到水；
- 易染霉菌，宜勤换水、勤剪根，并使用保鲜剂；
- 可直接在阴凉处风干成干花使用。

花艺应用

- 色彩金黄，若谷物成熟，宜于表现秋日主题的插花花艺作品中营造丰收气象；
- 天趣自然，野味十足，宜表现自由烂漫的田园风情；
- 分解小枝可用于胸花、花环、花盒等小型礼仪插花的制作；
- 花序分枝先端幼嫩易垂，感觉不精神，可根据需要先行去除；
- 叶片极易脱水萎蔫，整枝使用时宜进行适当疏除；
- 花序是理想的压花素材。

菊花（多枝）

市场名：小菊／雏菊／多头小菊

拉丁学名：*Chrysanthemum morifolium*

英文名：Spray mum

花语花义：富足

瓶插期：14–21天

色彩范围

市场供应期（月份）

1	2	3
4	5	6
7	8	9
10	11	12

花材特点

- 分枝多，花头多，大多作为配花使用，明媚的像散布在夜空的繁星，是应用范围相当广泛的散形花材。

保鲜要点

- 适宜的保鲜温度为2-8℃；
- 宜选分枝较多，花苞半开、无折头或落瓣，叶片浓绿、无枯黄或病斑，花枝粗壮挺直，基部未褐变的花材；
- 宜在浅水中贮存，保持良好的通风透气性，宜使用保鲜剂；
- 去除下部叶片，勿令叶片沾到水；
- 及时去除残花，并补充适量营养液以利开花；
- 水养时勿紧拥密置。

花艺应用

- 品种多样，花型各异，花色缤纷，适用范围极广，深受年轻人的喜爱，是当前最为流行的百搭花材；
- 分解小花可用于铺陈设计以进行动物、玩偶等卡通形象的塑造；
- 紧实的小花头还常用于修饰铁丝架构的端口，既美观讨巧，又可避免刮伤皮肤或衣物；
- 叶片极易脱水萎蔫，整枝使用时可进行适当疏除；
- 会释放大量乙烯气体，尽量避免同对乙烯敏感的花材进行搭配；
- 花叶均为理想的压花素材，可整朵进行压制。

宽叶补血草

市场名　情人草

拉丁学名：*Limonium latifolium*
英 文 名：German statice
花语花义：执着、完美爱情
瓶 插 期：7–10天

色彩范围

市场供应期（月份）

1	2	3
4	5	6
7	8	9
10	11	12

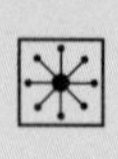

花材特点

- 浅紫色小花蒙蒙如江南烟雨，袅袅似青烟迷雾，轻描淡写地盛开却更加多姿多态。

花艺应用

- 是制作花束、花环及胸花的好材料，可以免除保水顾虑；
- 整枝使用的群丛效果可营造出成片的朦胧美，在作品中能够很好地过渡虚实；
- 花枝较长，宜在作品的竖直方向上拓展空间，增添肌理；
- 花枝纤细，利用剑山固定时，须多枝集扎成束后再进行插制或借助其他较粗的材料进行辅助支撑；
- 具有不良气味，应用时须注意用量；
- 理想的压花素材。

保鲜要点

- 适宜的保鲜温度为2–8℃；
- 宜选分枝较多，株型开展，小花正开，花色鲜亮，花枝挺直且有弹性的花材；
- 宜在浅水中贮存，保持良好的透气性，宜使用保鲜剂；
- 去除下部叶片，勿令叶片沾到水；
- 远离热源，避免风吹
- 可直接在阴凉处风干成干花使用。

纤枝稷

市场名　喷泉草

拉丁学名：*Panicum capillare*

英 文 名：Witchgrass

花语花义：爱如呼吸

瓶 插 期：7–10天

花材特点

- 夏秋时节，浅绿色小花穗似泉水般从枝叶间喷薄而出，灵气十足，是不可多得的优质配材。

保鲜要点

- 适宜的保鲜温度为12-15℃；
- 宜选花序轻盈开散，叶片鲜亮，无折损或伤痕，茎秆直立、有弹性的花材；
- 宜在浅水中贮存，保持良好的透气性；
- 去除下部叶片，勿令叶片沾到水；
- 宜使用保鲜剂；
- 远离热源，避免风吹。

花艺应用

- 轻盈蓬松，朦胧飘渺，可为作品提供虚实变化及自然律动；
- 用于婚礼花艺环境布置和新娘手花制作，可凸显时尚感和自然风，提升现场格调；
- 与果实类花材搭配可模拟庄稼丰收、百果成熟的景象，对表现秋季主题的插花花艺创作十分有利；
- 成束使用可获得尺度较大的景观效果，宜用于大型架构花艺创作；
- 宜铁丝捆绑、弯折等造型设计；
- 茎秆柔软易折，插入花泥时要多加小心。

色彩范围

市场供应期（月份）

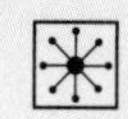

六出花

市场名
六出花/水仙百合

拉丁学名：*Alstroemeria hybrida*
英文名：Peruvian lily
花语花义：喜悦
瓶插期：7–14天

色彩范围

市场供应期（月份）

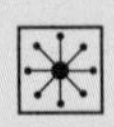

花材特点

- 花开6瓣，小巧精致，色彩鲜艳，纹样清晰，变化多端，花苞陆续开放，观赏期长，深受花艺师的青睐。

保鲜要点

- 适宜的保鲜温度为3-10℃；
- 宜选花型匀称，花色亮丽，叶色翠绿、无枯黄或霉烂，茎秆挺实、有弹性的花材；
- 宜在浅水中贮存，保持良好的透气性，并使用保鲜剂；
- 去除下部叶片，勿令叶片沾到水；
- 剪除花枝基部白色的部分以利吸水；
- 远离热源，避免阳光直射。

花艺应用

- 花茎较长，适宜瓶花造型或构筑居家花艺的上部空间；
- 可单独剪取小花，用于精致花礼的创作；
- 纹理突出的花瓣可单独分解用于特殊图案效果的粘贴设计；
- 一些人对其有过敏反应，不宜用于腕花等直接与肌肤接触的人体花饰；
- 对乙烯敏感，不宜用于果蔬插花；
- 花朵是理想的压花素材。

龙船花

市场名
山丹／百日红

拉丁学名：*Ixora chinensis*
英 文 名：Ixora
花语花义：争先恐后
瓶 插 期：14－21天

色彩范围

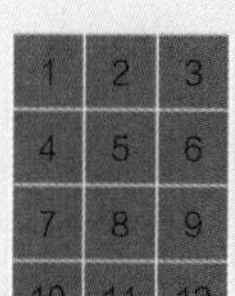

市场供应期（月份）

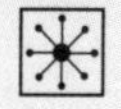

花材特点

- 拥有长长花冠筒的4裂瓣小花们在枝头开成了大花球，整齐庄重，仿佛要出席盛大的舞会，各个明艳照人，光彩夺目。

保鲜要点

- 适宜的保鲜温度为12-15℃；
- 宜选花苞较多，花冠整齐匀称，花色艳丽，叶片平整、浓绿，枝条挺直、有弹性的花材；
- 宜在浅水中贮存，保持一定的空气湿度；
- 去除下部多余叶片，勿令叶片沾到水；
- 为保证充分吸水，可将花枝基部做“十”字剪口处理；
- 宜补充适量营养液以利开花。

花艺应用

- 宜用枝剪截取粗壮的花枝；
- 花苞未盛开时，小花星星点点，宜在主花周围过渡层次，填补空缺；
- 花苞盛开时，花冠饱满紧凑、整齐大方，可在作品中构筑焦点，汇聚视线；
- 用于中式插花时，宜按摩花枝以获得理想的伸展姿态；
- 为突出花冠，可将紧贴花冠下方的叶片去除，使花冠跃出，神采倍增；
- 单独分解小花可进行精美首饰花的创作。

茉莉花

市场名 茉莉

拉丁学名：*Jasminum sambac*
英 文 名：Jasmine
花语花义：纯洁、忠贞
瓶 插 期：5–7天

色彩范围

市场供应期（月份）

1	2	3
4	5	6
7	8	9
10	11	12

花材特点

- 洁白的小花，翠绿的叶子，淡淡的清香，柔柔的芳姿，看似一丛不起眼的小花，却承载了华夏千年的情谊，成为重要的中国元素。

保鲜要点

- 适宜的保鲜温度为2–5℃；
- 宜选花苞较多，花色鲜亮，叶片平整、翠绿光洁，枝条有弹性，基部未褐变的花材；
- 宜在浅水中贮存，保持一定的空气湿度；
- 去除下部多余叶片，勿令叶片沾到水；
- 可适当喷水以补充散失的水分；
- 远离热源，避免风吹。

花艺应用

- 身材矮小，适宜作铺底素材丰富作品的下部空间；
- 花叶淡雅，清香持久，是夏日室内插花装饰或婚礼花艺的理想素材；
- 神清气爽，易入画境，适宜宁静致远的禅意插花；
- 亦花亦茶，可观可饮，堪为茶席插花之首选；
- 花枝较细，使用剑山固定时宜借助其他小枝加粗基脚以利站稳；
- 单独分解小花可进行精美首饰花的创作。

欧丁香

市场名 丁香

拉丁学名：*Syringa vulgaris*
英 文 名：Lilac
花语花义：美、乡愁、友情、天真
瓶 插 期：3–7天

花材特点

- 淡淡的颜色、淡淡的芳香、淡淡的春天的气息，却蓬勃出了浓浓的生命的欢愉，无论是单瓣，还是重瓣的品种，这密满的花序都给人层出不穷的惊喜。

保鲜要点

- 适宜的冷藏保鲜温度为2-8℃；
- 宜选80%开放度，花型整齐，花序轴挺直、鲜绿，花枝强健、有弹性的花材；
- 极易脱水，应在深水中贮存，避免阳光直射，避免风吹；
- 宜每日换水，并修剪花枝基部；
- 为保证花枝充分吸水，可对花枝基部进行灼烧处理，或做“十”字剪切；
- 不宜用花泥进行保鲜。

花艺应用

- 花枝粗硬，须用月牙形的枝剪进行截取；
- 欧丁香的季相特征明显，适宜表现春之主题的插花花艺作品；
- 多个圆锥花序簇拥枝头的组群效果，使其成为现代花艺中构成区块的理想花材；
- 宜整枝使用，不宜将各个花序分解使用，不利吸水；
- 宜采用非花泥手段的插花或花艺设计，在现代花艺中可用试管对其进行独立保鲜；
- 如果用到剑山固定时，可对其基部进行“十”字剪切，使之形成多脚的效果，以利站稳。

色彩范围

市场供应期（月份）

1	2	3
4	5	6
7	8	9
10	11	12

千日红

市场名　千日红

拉丁学名：*Gomphrena globosa*
英 文 名：Globe amaranth
花语花义：永恒的情谊
瓶 插 期：10–14天

色彩范围

市场供应期（月份）

花材特点

- 优质的天然干花，星星点点的膜质小花球，光泽亮丽，仿佛闪耀的灯火，在夜晚温暖了回家的人。

保鲜要点

- 适宜的保鲜温度为2–5℃；
- 宜选花头较多，花型饱满，花色亮丽，无垂头或折枝，茎秆充实挺直、有弹性的花材；
- 宜在浅水中贮存，保持良好的透气性，宜使用保鲜剂；
- 去除下部叶片，勿令叶片沾到水；
- 远离热源，避免阳光直射；
- 可直接在阴凉处风干成干花使用。

花艺应用

- 质地干爽，别具一格，在作品中可以提供质感对比，增添情趣；
- 花型小巧，体量感不强，宜多枝高低错落进行组群式插制；
- 去除紧贴花头的两片叶状总苞，可以让花材看起来更精神可爱；
- 单独剪取花头穿上铁丝、鱼线等，可用于点线相连的下垂造型；
- 小花球还可用粘贴的手法进行图案式铺陈设计；
- 花茎柔软易绞缠，使用时应注意。

切花月季（多枝）

市场名 多头玫瑰

拉丁学名：*Rosa hybrid*
英文名：Spray rose
花语花义：美德、思念
瓶插期：7–12天

色彩范围

市场供应期（月份）

1	2	3
4	5	6
7	8	9
10	11	12

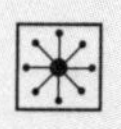

花材特点

- 萌版小月季，小巧的身材加上稚嫩的娇羞，自然多了几分可爱和期待，那些美妙的心思和浪漫的记忆都在这花间私语中秘密传说。

保鲜要点

- 适宜的保鲜温度为2-5℃；
- 宜选分枝较多，花苞半开、无折头，花萼、叶片无霉菌或病斑，花枝直立，基部未褐变的花材；
- 宜在深水中贮存，保持良好的通风透气性，宜使用保鲜剂；
- 去除下部叶片，勿令叶片沾到水；
- 及时去除残花，并补充适量营养液以利开花；
- 一旦脱水，可采取温水浸泡花枝基部的方法进行处理。

花艺应用

- 花型多变，花色丰富，且身材高挑，广泛用于各种规格、各种类型的插花花艺创作；
- 花茎有刺，在制作花束或新娘手花等服饰花时，一定要预先进行去刺处理，以免给人造成伤害；
- 整枝宜作大型插花作品或空间花艺的配材，大范围使用可以形成底色效果；
- 分解单个花枝可用于制作头花、胸花、腕花，以及蛋糕花等小型花艺作品；
- 单朵花可用于粘贴、串连、铺陈等造型设计；
- 花瓣和叶片均是理想的压花素材。

青葙

市场名

青葙/多头凤尾

拉丁学名：*Celosia argentea*

英文名：Plumed cockscomb

花语花义：勤奋

瓶插期：5-7天

色彩范围

市场供应期（月份）

1	2	3
4	5	6
7	8	9
10	11	12

花材特点

- 新型切花素材，密集的穗状花序在枝顶呈塔形或圆锥状，花色由下至上形成渐变效果，再加上毛茸茸的质感更是分外惹人喜爱。

保鲜要点

- 适宜的保鲜温度为5-8℃；
- 宜选分枝较多，花量较大，花头挺立，花色亮丽，无黄叶或烂叶，茎秆粗壮挺实的花材；
- 宜在浅水中贮存，保持良好的透气性；
- 去除下部多余叶片，勿令叶片沾到水；
- 宜使用保鲜剂；
- 远离热源，避免风吹。

花艺应用

- 造型可爱，十分适宜装饰送给小朋友的花礼；
- 分枝较多，整枝应用时须进行适当疏剪以获得理想效果；
- 单枝体量感较弱，宜多枝进行组群式插制；
- 还可将分解下来的小枝捆绑成束形成聚合花的效果，在作品中可作焦点应用；
- 叶片易脱水，使用时宜全部去除；
- 单独剪取小花头可进行粘贴、串连等造型。

日本茵芋

市场名 茵芋

拉丁学名：*Skimmia japonica*
英文名：Japanese skimmia
花语花义：纯洁
瓶插期：10–14天

花材特点

- 几乎不开放的小花蕾圆圆地结在枝顶，被厚实的叶片隆重地托起，好似珠玉般精贵，总让人误会成小果子。

花艺应用

- 散点状的圆锥造型，红艳艳的喜庆色彩，酷似烟花的绽放带给人欢乐吉祥，十分适宜装点节日或用于庆典花艺布置；
- 与红瑞木、松枝等搭配用于冬季婚礼花艺设计，就好像冬天里的一把火焰，能点燃整个婚礼；
- 搭配果实类花材，制成手绑花束，满满都是收获感；
- 用于服饰花、胸花、花盒或小花束等小型花艺创作，能够体现精致感；
- 如果用到剑山固定时，可对其基部进行“十”字剪切，使之形成多脚的效果，以利站稳。

保鲜要点

- 适宜的保鲜温度为2–10℃；
- 宜选分枝较多，花序较大，花色纯正有光泽，无垂头，叶片厚实光亮、无褐变，茎秆鲜绿挺直、有弹性的花材；
- 宜在浅水中贮存，保持一定的空气湿度，宜使用保鲜剂；
- 去除下部叶片，勿令叶片沾到水；
- 温度过低植株会变黑，宜于温暖处贮存，但要远离热源；
- 一旦脱水，可采取深水浸泡法恢复膨压。

色彩范围

市场供应期（月份）

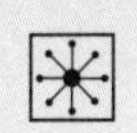

深波叶补血草

市场名 勿忘我

拉丁学名：*Limonium sinuatum*
英文名：Wavyleaf sea lavender
花语花义：勿忘我，我心永恒
瓶插期：10–14天

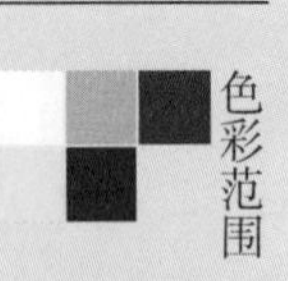
色彩范围

市场供应期（月份）

花材特点

- 茎枝上附有翼状物，一簇簇裙褶般的膜质苞片在枝顶排列成牙刷状，鲜艳的色彩即便风干后也依然经久不褪，是优质的天然干花。

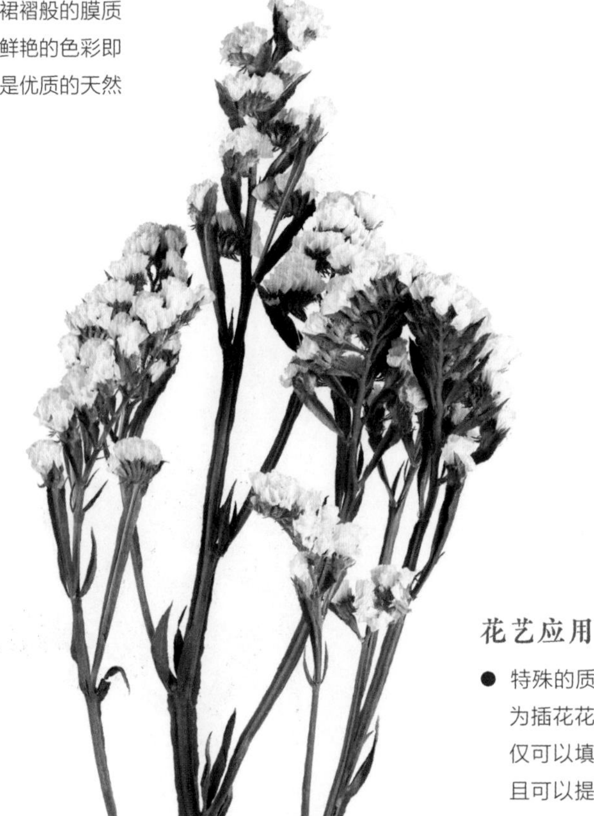

保鲜要点

- 适宜的保鲜温度为2–8℃；
- 宜选分枝较多，色彩鲜亮，无垂头或枯梢，花枝鲜绿、挺直有弹性，基部未褐变的花材；
- 宜在浅水中贮存，保持良好的透气性，远离热源；
- 宜勤换水、勤剪根，并使用保鲜剂；
- 可直接在阴凉处风干成干花使用；
- 水养时勿紧拥密置。

花艺应用

- 特殊的质感、丰富的花色使之成为插花花艺创作的经典配材，不仅可以填补空间，调和色彩，而且可以提供质感变化，有利于创造多样性；
- 寓意中隐含着别离，是送别花礼的重要素材；
- 观赏效果持久，整枝宜进行长期的花艺布展或居家装饰；
- 宜分解花枝编制花环、花冠，或扎制小型花束等；
- 花序排列较为密满厚实，使用时可根据需要进行适当疏剪；
- 小枝在分枝点处易折，使用时需多加小心；
- 气味独特，并不宜人，应用时须注意用量。

天蓝尖瓣木

市场名　蓝星花

拉丁学名：*Oxypetalum coeruleum*
英 文 名：Blue Tweedia
花语花义：把握现在
瓶 插 期：14−21天

花材特点

- 拥有极为少见的天蓝色彩的小花端庄地开展成五角星形，在浓郁叶片的衬托下仿佛天边的星辰散发着神秘的光芒。

保鲜要点

- 适宜的保鲜温度为2−5℃；
- 宜选株型美观，花苞较多，花色鲜亮，无黄叶、烂叶，花枝挺实、有弹性的花材；
- 宜在浅水中贮存，保持良好的透气性；
- 去除下部叶片，勿令叶片沾到水；
- 宜勤换水、勤剪根，远离热源；
- 及时去除残花以利开花。

花艺应用

- 新型花材，引人注目，在花束、花篮、桌花等礼仪插花中稍加点缀就会提升作品品质；
- 花色独特，梦幻悠远，令人遐想，十分适宜在现代花艺作品中营造浪漫气氛；
- 冷凉的色调使之成为夏日厅堂插花或婚礼花艺布置的优质配材；
- 花型小巧精致，宜分解小枝进行鲜花礼盒的创意设计；
- 不宜截取小花头进行粘贴造型或用于腕花、头花等与肌肤有接触的花饰中；
- 汁液可能引起过敏，使用时宜戴手套，并注意洗手和清理工具。

色彩范围

市场供应期（月份）

1	2	3
4	5	6
7	8	9
10	11	12

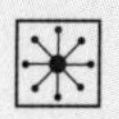

香石竹（多枝）

市场名
多头康乃馨

拉丁学名：*Dianthus caryophyllus*
英 文 名：Spray carnation
花语花义：欢乐康宁
瓶 插 期：14–21天

市场供应期（月份）

1	2	3
4	5	6
7	8	9
10	11	12

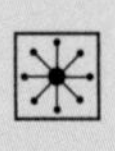

花材特点

- 迷你版的康乃馨，也同样具有女性的温柔和母亲般的亲善，但因其花型小巧，分枝较多，则显得更加玲珑，更具活力。

花艺应用

- 花枝纤细轻盈，花型可爱讨巧，花色绚丽多彩，适宜各种插花花艺风格，是颇为理想的花艺配材；
- 单朵小花离水状态下也能保持较长的观赏期，常用于头花、花索、花环等精致服饰花的制作；
- 对于较多的花苞要适当疏除，否则易显凌乱；
- 花枝节位膨大，极易折断，操作时应注意，以免折损花材；
- 对乙烯非常敏感，不宜用于果蔬插花；
- 花瓣和花萼都是理想的压花素材。

保鲜要点

- 适宜的保鲜温度为4–8℃；
- 宜选分枝较多，花苞半开、无折头，花萼、叶片无干枯或霉烂，花枝直立，基部未褐变的花材；
- 宜在浅水中贮存，保持良好的通风透气性，宜使用保鲜剂；
- 去除下部叶片，勿令叶片沾到水；
- 忌向花头喷水，易形成水斑；
- 及时去除残花，并补充适量营养液以利开花。

熊耳草

市场名　藿香蓟

拉丁学名：*Ageratum houstonianum*

英 文 名：Flossflower

花语花义：信赖

瓶 插 期：10–14天

色彩范围

市场供应期（月份）

1	2	3
4	5	6
7	8	9
10	11	12

花材特点

- 花艺新宠，绒球状的外貌呈现出柔软的质感，冷静的色彩有着百搭的潜质，绝不会喧宾夺主的谦和态度使之成为配花之佳选。

保鲜要点

- 适宜的保鲜温度为1-2℃；
- 宜选分枝较多，花冠紧簇，花色鲜亮，叶色翠绿、无枯黄或霉烂，茎秆挺实、有弹性的花材；
- 宜在浅水中贮存，保持良好的透气性，宜使用保鲜剂；
- 去除下部叶片，勿令叶片沾到水；
- 避免阳光直射与风吹。

花艺应用

- 花型紧凑、绒团状，覆盖效果理想，宜用来填补空间，过渡虚实；
- 色调冷凉，宜营造典雅庄重的氛围，可提升空间格调，常用于商务会所的花艺装饰；
- 独特的梦幻气质，使其在追求个性的婚礼新娘花饰和情人节花礼中具有意想不到的表达效果；
- 叶片易脱水，整枝使用时可适当疏除；
- 花头易碰落，使用时须注意。

须苞石竹

市场名
石竹梅/相思梅
/绿石竹

拉丁学名：*Dianthus barbatus*
英 文 名：Sweet William
花语花义：勇敢、殷勤
瓶 插 期：5-10天

色彩范围

市场供应期（月份）

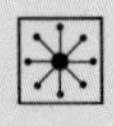

花材特点

- 不同品种间外形差异较大，小花密生成头状的被称为石竹梅，花型开散的被称为相思梅，另有花苞密集成绒球状的被称为绿石竹或石竹球。

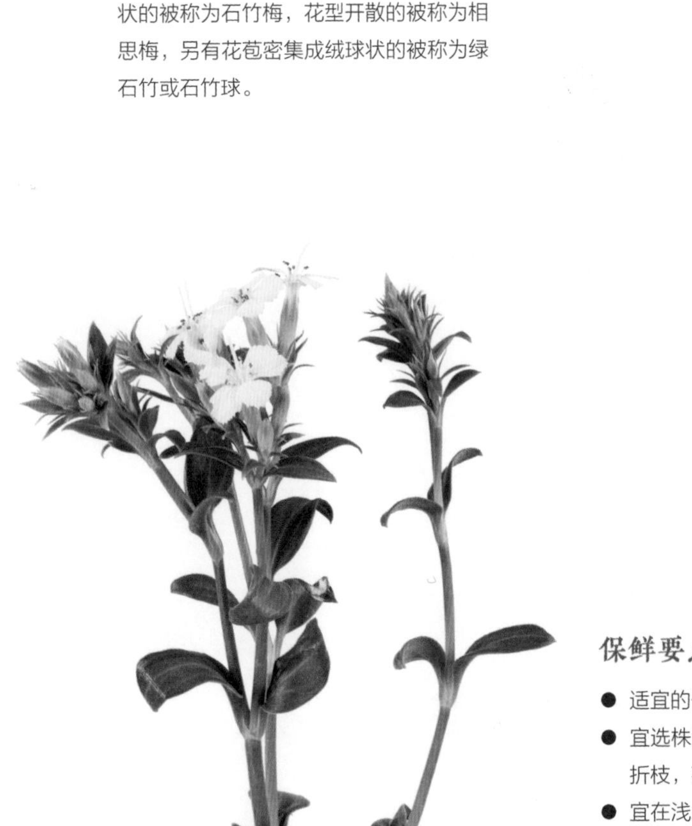

保鲜要点

- 适宜的保鲜温度为2-5℃；
- 宜选株型饱满，花苞众多，花色纯正，无残花，叶片鲜绿，无折枝，茎秆粗壮挺直，基部未褐变的花材；
- 宜在浅水中贮存，保持良好的透气性，远离热源，避免风吹；
- 去除下部叶片，勿令叶片沾到水；
- 宜勤换水、勤剪根，并使用保鲜剂；
- 及时去除残花，并补充适量营养液以利开花。

花艺应用

- 茎秆颀长，色彩丰富，花束设计中可用作配花构建色块；
- 花型紧簇的石竹梅花色艳丽，体量感强，宜成焦点，可作为团块花材使用；
- 花型开散的相思梅缤纷亮丽，活泼自然，宜在主花周围过渡虚实；
- 绿石竹在近几年很受欢迎，绿苞片密集精致，郁郁葱葱，如苔藓球一般具有生机，造型效果极佳，常用作打底铺底或体现创意个性；
- 针对一些花头少或已经凋谢的花材，可摘去花瓣，成丛捆绑，形成类似于绿石竹的效果；
- 对乙烯敏感，不宜用于果蔬插花。

银荆

市场名

金合欢/银叶/鱼骨松

拉丁学名：*Acacia dealbata*

英文名：Silver wattle

花语花义：友情

瓶插期：5–7天

色彩范围

市场供应期（月份）

1	2	3
4	5	6
7	8	9
10	11	12

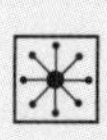

花材特点

- 一个个小小的黄色绒球串成一串，绽放在枝桠上，正是春天嫩嫩的鹅黄，再配以短簇的羽叶，便向我们昭示了春光的明媚和年少的纯真与梦想。

保鲜要点

- 适宜的保鲜温度为2-5℃；
- 宜选花序丰盈、开花较多，或叶片平整、鲜绿，枝条有弹性的花材；
- 宜在浅水中贮存，避免阳光直射，避免风吹；
- 去除下部多余叶片，勿令叶片沾到水；
- 为保证花枝充分吸水，可对花枝基部进行锤击或灼烧处理，或做“十”字剪切；
- 为防止乙烯的催熟作用，水养时花枝间应保持一定空隙，勿紧拥密置，要保持良好的透气性。

花艺应用

- 银荆具有明显的春天气质，因此宜用于春日主题的插花花艺创作；
- 明亮的花色、柔软的质感，小花热热闹闹开成欢乐的样子，使其十分适宜装扮小朋友的活动空间；
- 小花易落，因此宜整枝使用，而不宜于分解小花进行造型；
- 花后的叶枝也是很好的插花素材，可配合主花应用于多种风格的插花花艺创作；
- 其枝势比较平直缺少变化，在作品中宜作填充花材使用，而若用其来展现线条的美，则须对枝条进行精心修剪；
- 枝上有小刺，使用时应注意。

圆叶柴胡

市场名　叶上黄金

拉丁学名：*Bupleurum rotundifolium*
英 文 名：Roundleaf thorowax
花语花义：初吻
瓶 插 期：10–14天

色彩范围

市场供应期（月份）

1	2	3
4	5	6
7	8	9
10	11	12

花材特点

- 柔韧纤细的茎秆穿过一片片绿色的叶子，在上方托起了一丛丛米粒大的金色小花，好似玉盘呈上的点点黄金。

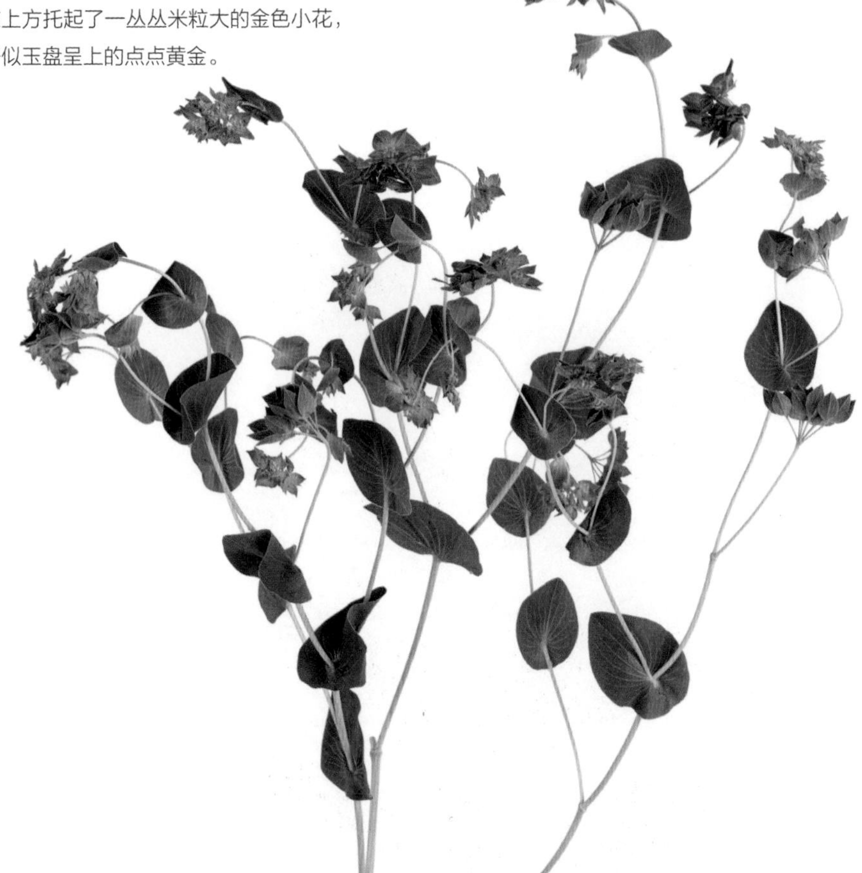

保鲜要点

- 适宜的保鲜温度为2–5℃；
- 宜选分枝较多，株型匀称，色彩鲜亮，无黄叶、烂叶，茎秆挺实、有弹性的花材；
- 宜在浅水中贮存，保持良好的透气性；
- 去除下部叶片，勿令叶片沾到水；
- 宜勤换水、勤剪根，并使用保鲜剂；
- 远离热源，避免风吹。

花艺应用

- 绿叶精致，小花耀眼，作为配花可以调和色彩，有效地提升花艺作品的层次；
- 茎秆较长，株型蓬松，是花束的理想素材，可以丰富层次，扩展空间；
- 花色金黄，明快跳跃，宜营造秋天丰收的喜悦气息；
- 具有金属的光泽，分解小枝宜用于胸花、花盒等精致花饰的造型，以体现时尚感；
- 为凸显金色小花，可去除下部不够精神的叶片，让花枝容光焕发；
- 小枝纤细易折，使用时应注意。

圆锥石头花

市场名　满天星

拉丁学名：*Gypsophila paniculata*
英 文 名：Baby's breath
花语花义：思念、甘当配角
瓶 插 期：5–7天

色彩范围

市场供应期（月份）

1	2	3
4	5	6
7	8	9
10	11	12

花材特点

- 分枝多，花量大，花型小，花色白，犹如挂在夜空中的点点繁星，亲切可爱，远观又像是一朵朵洁白的浪花，活泼自在。

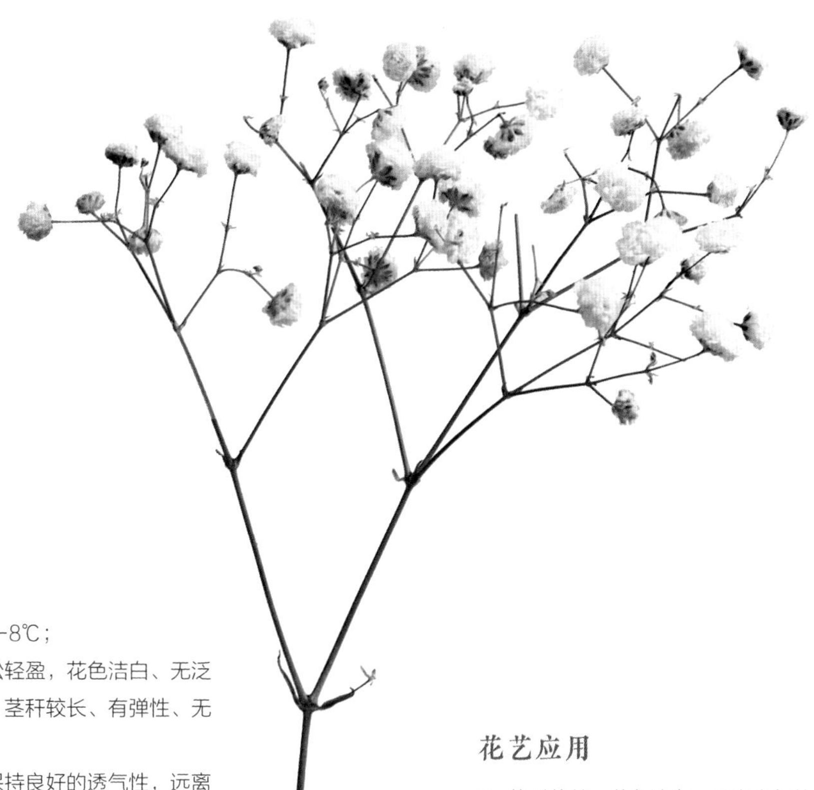

保鲜要点

- 适宜的保鲜温度为5–8℃；
- 宜选株型饱满、蓬松轻盈，花色洁白、无泛黄，无折枝或垂头，茎秆较长、有弹性、无霉烂的花材；
- 宜在浅水中贮存，保持良好的透气性，远离热源，避免风吹；
- 去除下部叶片，勿令叶片沾到水；
- 易染霉菌，宜使用保鲜剂；
- 可直接在阴凉处风干成干花使用。

花艺应用

- 花型蓬勃，花色洁白，具有少年的朝气和少女的纯洁，十分适宜服务于年轻人的花艺设计；
- 分解小花枝大量用于铺陈造型可获得浪花或海绵的效果，极易营造浪漫氛围；
- 与深色花材搭配可相得益彰，与浅色花材搭配易显琐碎；
- 分枝较多易显纷乱，使用时应适当修剪以获得最佳效果；
- 花枝较弱，使用时要小心取放，以防花头掉落或花枝缠绕；
- 对乙烯非常敏感，不宜用于果蔬插花；
- 理想的压花素材。

紫娇花

市场名 紫娇花

拉丁学名：*Tulbaghia violacea*

英文名：Society garlic

花语花义：铭记于心

瓶插期：5–7天

色彩范围

市场供应期（月份）

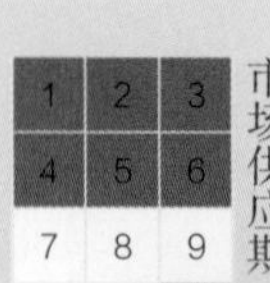

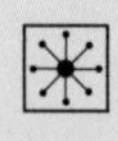

花材特点

- 淡淡的粉紫色六角形小花放射状着生在细长的花莛顶端，星辰般亲切而疏离，好似尘封的记忆，静水流深。

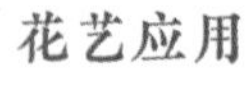

花艺应用

- 花姿轻柔婀娜，适宜作垂直插制，建构作品的中上部空间，体现梦幻的特质；
- 花色清凉恬静，适宜在夏日作居家花艺布置以营造凉爽舒适的氛围；
- 带有韭菜的气味，用于礼仪插花时须慎重；
- 可通过按摩对花莛进行弯曲造型以获得理想的姿态；
- 小花是理想的压花素材。

保鲜要点

- 适宜的保鲜温度为2–10℃；
- 宜选花苞较多，花色亮丽，无残花，花莛充实挺直、有弹性的花材；
- 宜在浅水中贮存，保持一定的空气湿度；
- 宜勤换水、勤剪根，可使用保鲜剂；
- 远离热源，避免风吹；
- 及时去除残花，并补充适量营养液以利开花。

紫盆花

市场名 松虫草

拉丁学名：*Scabiosa atropurpurea*
英文名：Sweet scabious
花语花义：梦想
瓶插期：6–8天

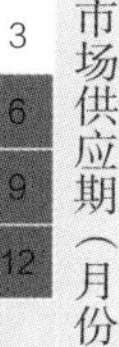

市场供应期（月份）

1	2	3
4	5	6
7	8	9
10	11	12

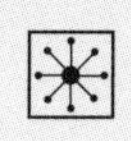

花材特点

- 新型切花素材，身材高挑，亭亭玉立，花序好似瓜皮帽，外轮花先行开放时犹如给这个瓜皮帽镶上了蕾丝花边，别致奇趣，深得少男少女的青睐。

保鲜要点

- 适宜的保鲜温度为2–5℃；
- 宜选分枝较多，花冠整齐匀称、未盛开，色彩纯正有光泽，无黄叶或烂叶，茎秆挺直、有弹性的花材；
- 宜在浅水中贮存，保持良好的透气性，远离热源；
- 去除下部多余叶片，勿令叶片沾到水；
- 宜使用保鲜剂；
- 可直接在阴凉处风干成干花使用。

花艺应用

- 分枝较多、蓬勃舒展，整枝宜于大中型插花花艺作品中填充空间、过渡虚实；
- 花型新颖别致，花色高贵典雅，在婚礼花艺中可以增添浪漫气氛，提升设计品质；
- 姿态婀娜，适宜欧式插花或现代自由式花艺造型；
- 分解花枝可进行小型花束、胸花、腕花等精致人体花饰的创作；
- 花瓣易落，不宜用于餐桌花艺布置；
- 对乙烯敏感，不宜用于果蔬插花。

紫菀

市场名　孔雀草

拉丁学名：*Aster tataricus*
英 文 名：Michaelmas daisy
花语花义：回忆、优美
瓶 插 期：7–14天

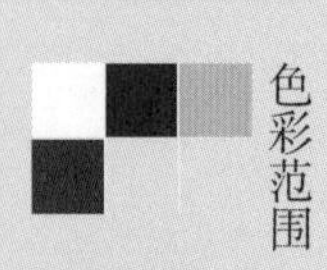
色彩范围

市场供应期（月份）

花材特点

- 花茎直立，枝叶细柔，小花轻盈，整体株型开散成圆锥状，蓬松有序，如孔雀开屏，令人赏心悦目。

保鲜要点

- 适宜的保鲜温度为2-5℃；
- 宜选分枝较多，株型整齐，花苞半开、无折头或落瓣，叶片翠绿、无枯黄或霉烂，花枝挺直有弹性，基部未褐变的花材；
- 宜在浅水中贮存，保持良好的通风透气性，宜使用保鲜剂；
- 去除下部叶片，勿令叶片沾到水；
- 及时去除残花，并补充适量营养液以利开花；
- 远离热源，避免风吹。

花艺应用

- 花型轻巧蓬松，宜作为配花加入花束、花篮等花艺作品中，增添作品的空间层次感；
- 在夏季婚礼中点缀新娘手花和服饰花等，可为炎热的夏季注入一丝清凉；
- 在自然风格的设计中，能很好地突出作品的格调，散发自由气息的同时也不失精致和细腻；
- 色彩清淡，宁静恬淡，分解小枝十分适宜插制小巧而韵味十足的茶席花；
- 叶片细小易显琐碎，使用时须适当疏除以获得理想效果；
- 花朵是理想的压花素材，可整朵进行压制。

— 异形花材 —

即外形比较奇特，多有一定象形性，容易引起人们的注意，能够激发人们联想的植物花朵类鲜切花素材，如红掌会令人想到爱心，嘉兰会令人想到跳动的火苗等。这类花材的观赏特性集中表现在花及其相关结构的情趣效果上，在插花花艺作品中往往可以起到标新立异、构筑趣味中心的作用，常用作焦点花或点睛之笔。

白鹤芋

市场名 一帆风顺

拉丁学名：*Spathiphyllum kochii*
英 文 名：Peace lily
花语花义：友谊、自信、事业有成、高洁
瓶 插 期：7–10天

色彩范围

1	2	3
4	5	6
7	8	9
10	11	12

市场供应期（月份）

花材特点

- 白色的佛焰苞犹如仙女的雪裳为圆柱状的花序撑起一道水滴似的屏障，好似守护者的目光，给人慰藉，令人充满希望。

保鲜要点

- 适宜的保鲜温度为8–18℃；
- 宜选佛焰苞外形美观、色彩洁白、无伤痕或褐变，花序饱满，花莛挺直、有弹性，与佛焰苞的中轴线同在一条直线上的花材；
- 宜在浅水中贮存，保持一定的空气湿度，避免风吹；
- 水养前应去除其上的塑料保鲜套；
- 宜于在温暖的环境贮存，温度过低会令其褐变、凋败；
- 避免阳光直射，必要时须进行遮荫处理。

花艺应用

- 吉祥的雅号，美好的寓意，常见于送行、升学、晋职、开业等场合的祝福花礼；
- 在现代插花花艺中宜作平行式设计的主体花材；
- 宜表现水湿生境，常直立插于浅盘中水养；
- 花莛可通过按摩进行弯曲造型；
- 属于精致花材，佛焰苞怕碰，使用时应多加留意。

白花虎眼万年青

市场名：伯利恒之星 天鹅绒

拉丁学名：*Ornithogalum arabicum*
英 文 名：Star of Bethlehem
花语花义：杰出、和谐
瓶 插 期：10–21天

色彩范围

市场供应期（月份）

1	2	3
4	5	6
7	8	9
10	11	12

花材特点

- 黑豆般的雌蕊在6片白色平展的小花瓣的衬托下显得格外鲜明，仿佛孩子们的一双双大眼睛正在好奇地打量着外面的世界。

保鲜要点

- 适宜的保鲜温度为8-10℃；
- 宜选花枝挺立，花型规整、无残花，花莛较长、充实、有弹性的花材；
- 宜在浅水中贮存，每隔1天剪切基部以利吸水；
- 宜于在凉爽的环境贮存，远离热源，避免风吹与温度波动；
- 为使紧实的花苞正常开花可补充一定的营养液；
- 及时去除残花有利于新花不断开放。

花艺应用

- 身姿挺秀，宜作直立插制，挑出高度，给人玉树临风之感；
- 花色清雅，花型可爱，充满纯真而烂漫的气质，十分适宜送给年轻女士或小朋友们的花礼；
- 可截取花头，用于组群式花艺设计；
- 精致的小花也适宜单独分解下来，用于粘贴、串连等现代花艺手法的处理；
- 花头具有向光性，应用时需考虑作品的摆放位置，宜放置在室内散射光的条件下；
- 对乙烯非常敏感，不宜用于果蔬插花。

波瓣兜兰

市场名
兜兰/仙履兰

拉丁学名：*Paphiopedilum insigne*
英 文 名：Slipper orchid
花语花义：美人、节俭
瓶 插 期：10–14天

色彩范围

市场供应期（月份）

花材特点

- 一个精致的小拖鞋，顶着一个大大的乌纱帽，这种奇妙的组合着实令人错愕，无限的遐想便可由此衍生出去，使之成为作品的点睛之笔。

保鲜要点

- 适宜的保鲜温度为8-10℃；
- 宜选花型对称，花冠不低垂，花莛挺直、有弹性的花材；
- 宜在浅水中贮存，因为花莛上的毛容易败坏水质；
- 宜定期喷水以补充散失的水分；
- 远离热源，避免风吹。

花艺应用

- 花型小巧别致，十分适宜表现个性的胸花设计；
- 宜进行小型的插花花艺创作，常用于构筑焦点，形成趣味中心，提升作品的魅力；
- 具有兰的特质，适宜在中式插花中营造宁静、悠远的禅境；
- 花冠具有明显方向性，插制时应仔细审视，将花材的最佳表情朝向观众；
- 宜明快简约的设计，花材搭配切忌繁杂，否则很难凸显其个性美；
- 属于精致花材，花瓣怕碰，使用时应多加留意。

帝王花

市场名
帝王/海神花

拉丁学名：*Protea cynaroides*
英 文 名：King protea
花语花义：胜利、圆满
瓶 插 期：14~28天

色彩范围

市场供应期（月份）

1	2	3
4	5	6
7	8	9
10	11	12

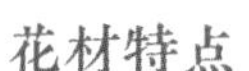

花材特点

- 鳞片状的花苞如盔甲般层层拥护在塔形的花蕊周围，如此隆重地撑起了一个硕大的花球，好似王者的权杖一般气宇轩昂地引领了一族花界新贵。

保鲜要点

- 适宜的保鲜温度为2-5℃；
- 宜选花枝挺直，花型饱满、不偏斜，苞片色彩鲜润，叶片无褐变或脱落，茎枝较长，有一定重量感的花材；
- 宜在浅水中贮存，保持一定的通风透气性，并给予适当的散射光，以免花头中间霉烂或褐变；
- 去除下部多余叶片，勿令叶片沾到水；
- 吸水力极强，应每日检查水位，及时补充到位；
- 可直接在阴凉处风干成干花使用。

花艺应用

- 属于高档花材，大且特殊的花型庄重而高贵，常在大中型插花花艺创作体现非凡的气势；
- 质地敦厚粗糙，宜表现粗犷、豪迈、夸张的艺术风格；
- 宜在插花花艺作品中构筑焦点、稳定中心，通常插于作品的中下部；
- 花头较重，插制时需要把握好均衡，必要时可进行辅助支撑，以免花枝倾倒；
- 体量较重，霸气十足，不宜用于新娘手花的创作；
- 叶片极易褐变，使用时可全部去除。

荷兰鸢尾

市场名 爱丽丝

拉丁学名：*Iris × hollandica*
英文名：Dutch iris
花语花义：好消息、爱的使者
瓶插期：4–7天

色彩范围

市场供应期（月份）

1	2	3
4	5	6
7	8	9
10	11	12

花材特点

- 尖尖的叶子抱茎而生，细心地护送着梭形的小花苞挺立在最高层，3个凤眼般的花瓣为我们掀起了开花的序幕，高潮尚未到来竟已这般地令人心动。

保鲜要点

- 适宜的保鲜温度为2-5℃；
- 宜选花枝挺立，花蕾膨大且已经吐色，叶片厚实、无枯梢或折痕的花材；
- 宜在浅水中贮存，每隔1天剪切基部以利吸水；
- 避免阳光直射，远离热源；
- 未吐色的花蕾若要正常开花须补充一定的营养液；
- 一旦脱水，可采取深水急救法进行处理。

花艺应用

- 花茎亭亭，花叶优雅，十分适宜成为插花花艺作品竖向空间的主角；
- 半开的花，花型紧凑、图案分明、静中有动，成组出现效果理想；
- 全开的花，花型开阔、层次丰富、灵动性好，多两两搭配以表现鸳鸯蝴蝶的主题；
- 于水为亲的习性，使之常用于表现水景主题的花艺创作；
- 宜作直立式插制或平行式设计；
- 对乙烯敏感，不宜用于果蔬插花。

鹤望兰

市场名
天堂鸟/大鸟

拉丁学名：*Strelitzia reginae*
英 文 名：Bird-of-paradise
花语花义：自由自在
瓶 插 期：10–18天

色彩范围

市场供应期（月份）

花材特点

- 粗壮的花莛上高高地扬起舟形的绿色总苞，绿色的总苞内伸展出翎羽状的橙色萼片，橙色的萼片内射出箭头状的蓝色小花——一只美丽的仙鹤正引吭高歌！

保鲜要点

- 适宜的保鲜温度为10-15℃，温度过低会导致褐变；
- 宜选花枝挺立，花型美观、无残花或褐变，花莛长且充实的花材；
- 宜在浅水中贮存，每隔1天剪切基部以利吸水；
- 宜于在温暖的环境贮存，避免风吹；
- 及时用湿抹布擦除花中渗出的粘稠物；
- 及时去除残花。

花艺应用

- 昂首挺立，卓尔不群的气度，使之十分适宜在中式插花作品中表达作者的志向和情趣，成为作者的代言人；
- 独特而具象的鸟头造型，使之成为表现凤凰、孔雀、仙鹤、精卫等禽类形象鸟头部分的不二之选；
- 常与松枝、龟背竹等具有长寿意象的花材组合，表现“松鹤延年”的主题；
- 有单独分解橙色的花萼进行重组应用的设计；
- 方向性极强，使用前应仔细审视，将花材最好的表情朝向观众；
- 为丰富层次，可将绿色花苞内的小花陆续扒出。

红马蹄莲

市场名
彩马/海芋

拉丁学名：*Zantedeschia rehmannii*
英 文 名：Red calla Lily
花语花义：魅力
瓶 插 期：7–10天

色彩范围

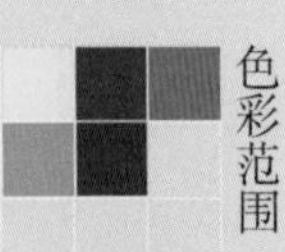

市场供应期（月份）

1	2	3
4	5	6
7	8	9
10	11	12

花材特点

- 佛焰苞的色彩和造型具有极为多样的变化，深紫红色的品种是时代新宠，边缘大波浪的品种亦备受青睐，即便看不到花序，高挑的马蹄骄姿也占尽风采

保鲜要点

- 适宜的保鲜温度为5–10℃；
- 宜选佛焰苞外形美观、无伤痕或无褐变，花莛光滑、挺直、基部无褶皱或褐变的花材；
- 宜在浅水中贮存，以免花莛表面粘滑；
- 吸水力极强，应每日检查水位，及时补充到位；
- 宜于在凉爽的环境贮存，远离热源，避免风吹；
- 花莛基部易开裂翻卷，可预先用透明胶带绑缚固定。

花艺应用

- 花型别致，花色艳丽，适宜在现代插花或花艺设计中表现高贵、典雅的气质，可增强作品的时尚性、高级感；
- 线形流畅、优美，宜作平行式设计的主体花材；
- 在花泥中不易吸水，因此更适于花束制作和水养插花；
- 花莛可通过按摩进行弯曲造型；
- 属于精致花材，佛焰苞怕碰，使用时应多加留意；
- 其汁液具有一定刺激性，使用时宜带手套进行防护。

红掌

市场名 红掌

拉丁学名：*Anthurium andraeanum*

英文名：Tailflower

花语花义：大展宏图、热情、爱心

瓶插期：14–28天

色彩范围

市场供应期（月份）

1	2	3
4	5	6
7	8	9
10	11	12

花材特点

- 小花紧紧地靠在一起，组成了拇指一般的肉质花序，傲娇的佛焰苞围在它周围美美地开成了桃心形，蜡质润泽的观感，让人真假莫辨。

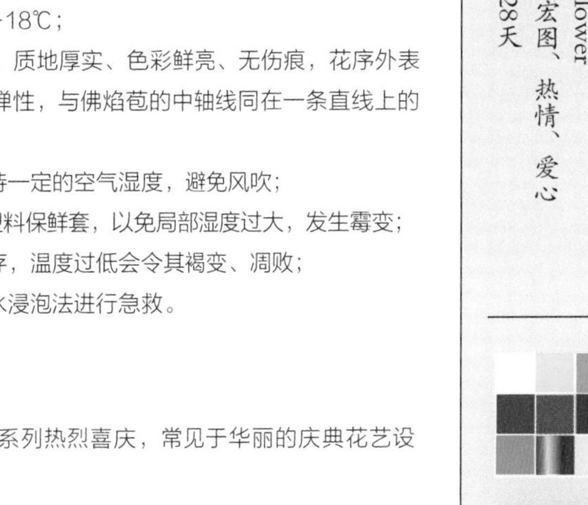

保鲜要点

- 适宜的保鲜温度为15–18℃；
- 宜选佛焰苞外形美观、质地厚实、色彩鲜亮、无伤痕，花序外表光滑，花莛挺直、有弹性，与佛焰苞的中轴线同在一条直线上的花材；
- 宜在浅水中贮存，保持一定的空气湿度，避免风吹；
- 水养前应去除其上的塑料保鲜套，以免局部湿度过大，发生霉变；
- 宜于在温暖的环境贮存，温度过低会令其褐变、凋败；
- 一旦脱水，可采取温水浸泡法进行急救。

花艺应用

- 属于高档花材，红色系列热烈喜庆，常见于华丽的庆典花艺设计；
- 其它色系更显尊贵，在追求高级、时尚的现代插花花艺中堪为主角；
- 心形的佛焰苞满含深情，两两插制常用于表达“心心相印”的主题，适宜情人节花礼和婚礼桌花的布置；
- 厚实光亮的佛焰苞经常让人误以为是人造花材，在别致奇趣的作品中宜作焦点应用；
- 花莛可通过按摩进行弯曲造型；
- 属于精致花材，佛焰苞怕碰，使用时应多加留意。

金火炬
蝎尾蕉

市场名
黄小鸟/黄金鸟

拉丁学名：*Heliconia psittacorum* × *H. spathocircinata* 'Golden Torch'
英文名：Guatemalan bird of paradise
花语花义：光辉、胜利
瓶插期：14–21天

色彩范围

市场供应期（月份）

花材特点

- 未开放时，紧实的花苞如一叶扁舟泊在花梗尽头，花苞打开后，金黄色的苞片两边分来，仿佛一支金色的火炬，又好像张嘴鸣叫的黄鹂鸟。

保鲜要点

- 适宜的保鲜温度为13-15℃，温度过低会导致褐变；
- 宜选花枝挺立，花色鲜黄、无褐斑，叶片鲜润、不卷曲，花莛较长且基部未褐变的花材；
- 宜在浅水中贮存，每隔1天剪切基部以利吸水；
- 宜于在温暖的环境贮存，避免风吹；
- 宜定期喷水以补充散失的水分；
- 在使用前宜保留叶片。

花艺应用

- 花苞未开放时，呈现线性造型，可作为硬质线形素材在作品中出挑以发散空间；
- 花苞开放后，造型别致，富于情态，常与天堂鸟搭配做孩子与母亲、学生与老师的意象呈现；
- 宜截取花头部分作重组或组群式设计；
- 截取下来的花莛既可作线形素材进行插制，也可用于捆绑、架构等设计；
- 方向性极强，使用前应仔细审视，将花材最好的表情朝向观众；
- 花苞内的小花通常比较生，不宜手工扒出。

鸡冠花

市场名 鸡冠花

拉丁学名：*Celosia cristata*
英 文 名：Cockscomb
花语花义：真爱永恒、鸿运当头
瓶 插 期：5-7天

色彩范围

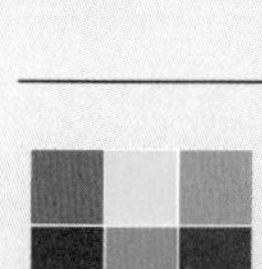

市场供应期（月份）

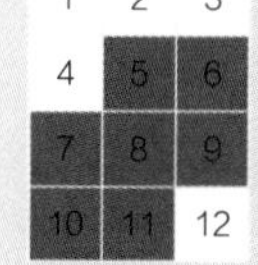

1	2	3
4	5	6
7	8	9
10	11	12

保鲜要点

- 适宜的保鲜温度为5-8℃；
- 宜选花枝挺直，花序饱满紧实，叶片鲜润、无病斑或霉烂，茎枝较长的花材；
- 迅速去除塑料包装，以免滋生霉菌；
- 宜在浅水中贮存，花枝间应保持一定空隙，勿紧拥密置，且须每日换水；
- 去除全部叶片，以免花枝脱水；
- 忌向花序喷水。

花材特点

- 硕大的肉质花序昂扬挺立，或如鸡冠平展，或如卷云汇聚，或如火焰熊熊，无论哪种都令人精神振奋，备受鼓舞。

花艺应用

- 气宇轩昂的独特造型，及美好的寓意，使之成为庆典、道贺、祝福、激励等主题插花的首选；
- 天鹅绒般的高级质感，适宜在现代插花花艺作品中提供质感变化，体现多样性；
- 季相明显，适宜进行秋季主题的插花花艺创作；
- 体量较大，又易脱水，因此适宜剪短花枝的应用，作为作品中下部的精英，极易形成焦点；
- 在花泥中不易吸水，因此更适于花束制作和水养插花；
- 剑山固定时，可对其粗大的花茎基部进行“一”字剪切，以利站稳。

嘉兰

市场名：火焰百合

拉丁学名：*Gloriosa superba*
英文名：Flame lily
花语花义：华丽、荣光
瓶插期：7–10天

色彩范围

市场供应期（月份）

花材特点

- 花丝如触角般伸向四周探访，细长的花瓣喷薄着炫彩的波浪翻展成抖动的翅膀，谁能猜出这个火焰般欢舞的精灵要去向何方，它柔韧的藤蔓信步踏响了华章。

保鲜要点

- 适宜的保鲜温度为8–10℃，温度过低会导致变色；
- 宜选花瓣开展，花型较大，叶片鲜润，花梗和花茎长而有弹性的花材；
- 宜在深水中贮存，并保持一定的空气湿度；
- 宜用烧灼法处理切口；
- 在真空包装中可存放5天；
- 避免阳光直射，远离热源；
- 一旦脱水，可采取温水浸泡法进行急救。

花艺应用

- 藤蔓性体质提供了美妙的动感，十分适宜为作品增添灵秀和生趣；
- 精致的外观，炫丽的色彩，欢愉的意象，使之成为新娘花饰和婚礼花艺的上佳之选；
- 整枝应用可借助藤蔓的缠绕性，对大型架构的骨架进行装饰；
- 宜进行盘曲、编织等变化，可形成拱门、瀑布、花环的造型；
- 属于精致花材，花瓣易折，使用时应多加留意；
- 具毒性，使用后应洗手并彻底清理工作台。

马蹄莲

市场名 马蹄莲

拉丁学名：*Zantedeschia aethiopica*
英 文 名：Calla lily
花语花义：纯洁、高贵
瓶 插 期：7-10天

色彩范围

市场供应期（月份）

1	2	3
4	5	6
7	8	9
10	11	12

花材特点

- 白色的佛焰苞呈酒杯状悉心地围合在嫩黄的肉穗花序周围，在先端却开放成了桃心形，仿佛一个小喇叭要向世人宣告此生不渝的钟情。

保鲜要点

- 适宜的保鲜温度为5-10℃；
- 宜选佛焰苞外形美观、色彩洁白、无伤痕或褐变，花莛光滑、挺直、基部无褶皱或褐变的花材；
- 宜在浅水中贮存，以免花茎表面黏滑；
- 吸水力极强，应每日检查水位，及时补充到位；
- 宜于在凉爽的环境贮存，远离热源，避免风吹；
- 花莛基部易开裂翻卷，可预先用透明胶带绑缚固定。

花艺应用

- 花型优雅，花色素淡，适宜花材较为单纯的现代插花或花艺设计；
- 单独以其作平行式花束设计用于新娘手花，可以衬托新娘的高贵、纯洁，凸显婚礼的神圣；
- 在花泥中不易吸水，因此更适于花束制作和水养插花；
- 花莛可通过按摩进行弯曲造型；
- 属于精致花材，佛焰苞怕碰，使用时应多加留意；
- 其汁液具有一定刺激性，使用时宜戴手套进行防护。

水烛

市场名 蒲棒

拉丁学名：*Typha angustifolia*
英 文 名：Lesser bulrush
花语花义：温顺
瓶 插 期：5–7天

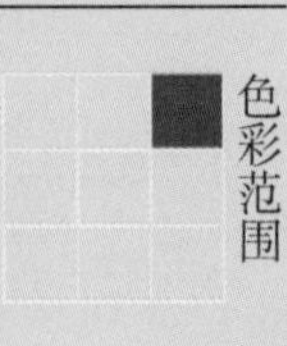
色彩范围

市场供应期（月份）

保鲜要点

- 适宜的保鲜温度为2–5℃；
- 宜选花序紧实饱满，外形匀称，色彩均匀，叶片挺直，无折损、病斑，茎秆挺立、充实的花材；
- 宜在浅水中贮存，保持良好的透气性；
- 宜将花序和叶片分开贮存；
- 远离热源，避免风吹；
- 忌向花序喷水。

花材特点

- 光滑的茎秆上方擎着一段红褐色的圆柱体，在古人眼里就仿佛一根根红蜡烛，而在我们今天看来却是串着的一个个烤肠更形象。

花艺应用

- 高挑的身材使之十分适合在作品中发散空间，撑起高度，常用于构建作品的上部空间；
- 简洁的刚性线条造型在平行线和放射状设计中堪称翘楚；
- 水生植物的特征性使之在表现水景的花艺设计中成为佳选；
- 在中式插花中常用来表现自然的野趣；
- 憨实可爱的造型也非常受小朋友的喜欢，宜用来插制童趣主题的作品。

针垫花

市场名　针垫

拉丁学名：*Leucospermum cordifolium*
英 文 名：Ornamental pincushion
花语花义：烟花、祝福
瓶 插 期：7–10天

色彩范围

1	2	3
4	5	6
7	8	9
10	11	12

市场供应期（月份）

花材特点

- 盛大的雄蕊群在半球形的花座上整饬而有序地向心展开，仿佛节日的烟花在空中盛放的一瞬最绚烂的光芒，承载了多少美丽的心意，多少诚挚的祝愿。

保鲜要点

- 适宜的保鲜温度为2-5℃；
- 宜选花丝丰富、挺立，花型饱满、不偏斜，叶片无褐变或脱落，茎枝较长的花材；
- 宜在浅水中贮存，保持一定的通风透气性，以免花头霉烂；
- 去除下部多余叶片，勿令叶片沾到水；
- 宜于在凉爽的环境贮存，远离热源，避免风吹；
- 一旦脱水，可采用基部剪切法进行急救。

花艺应用

- 花型别致，花色鲜艳，在现代插花或花艺设计中宜表现精致、活泼的特质，增强作品的生动性、精细度；
- 花头和花茎间多成一定角度，姿态优美，在中式插花中宜凸显优雅风范，呈现特殊意趣；
- 宜在插花花艺作品中构筑焦点，通常插于作品的中下部；
- 花头较重，插制时需要把握好均衡，必要时可进行辅助支撑，以免花枝倾倒；
- 在花泥中吸水良好，很适于花泥固定保鲜的插花花艺创作；
- 花头易脱落，使用时应加以留意。

紫心黄马蹄莲

市场名
马蹄/金黄马

拉丁学名：*Zantedeschia melanoleuca*
英文名：Zantedeschia melanoleuca
花语花义：好奇、杰出
瓶插期：7-10天

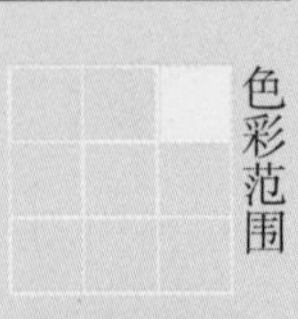

花材特点

- 害羞的棒状小花序躲藏在鲜黄的佛焰苞深处，却被周遭的紫晕托得显形，仿佛一只睁大的眼睛正在向我们张望。

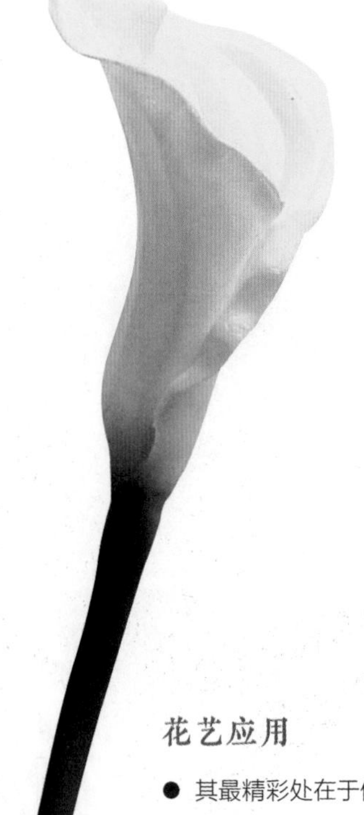

保鲜要点

- 适宜的保鲜温度为5-10℃；
- 宜选佛焰苞外形美观、色彩鲜亮、无伤痕或褐变，花莛光滑、挺直、基部无褶皱或褐变的花材；
- 宜在浅水中贮存，以免花茎表面粘滑；
- 吸水力极强，应每日检查水位，及时补充到位；
- 宜于在凉爽的环境贮存，远离热源，避免风吹；
- 花莛基部易开裂翻卷，可预先用透明胶带绑缚固定。

花艺应用

- 其最精彩处在于佛焰苞内部的色彩关系，使用时应将其展露给观众；
- 在现代插花花艺中宜作平行式设计的主体花材；
- 在花泥中不易吸水，因此更适于花束制作和水养插花；
- 花莛可通过按摩进行弯曲造型；
- 属于精致花材，佛焰苞怕碰，使用时应多加留意；
- 其汁液具有一定刺激性，使用时宜带手套进行防护。

— 果材 —

即各种形态的植物果实类鲜切花素材，不但造型各异，色彩多样，而且质感差异极大，颇具趣味性，如肉质的乳茄，纸质的星花轮锋菊，柔软的陆地棉，粗糙的钉头果等。果材的体量和着生方式往往决定了它们在插花花艺作品中的应用，大果可类比团块花材或异形花材的应用，小果可类比线形花材或散形花材的应用。

北美冬青

市场名 北美冬青

拉丁学名：*Ilex verticillata*
英 文 名：Winterberry
花语花义：远见
瓶 插 期：10–15天

色彩范围

市场供应期（月份）

1	2	3
4	5	6
7	8	9
10	11	12

花材特点

- 密满的鲜红色果子将裸裎的枝条打扮出节日的喜气，给万籁俱寂的冬日带来了喧闹的气息，仿佛盛大的宴会即将开启，绚丽的焰火已隆重登场。

保鲜要点

- 适宜的保鲜温度为2-5℃；
- 宜选分枝较多，果实丰盈、果粒饱满，枝条强韧坚挺，且基部未褐变的花材；
- 宜在浅水中贮存，避免风吹，远离热源；
- 去除下部多余叶片，勿令叶片沾到水；
- 为保证充分吸水，可将枝条基部做“十”字剪口处理；
- 果实容易受伤，养护时应注意避免触碰果实。

花艺应用

- 带有强烈的秋冬季相，十分适宜表现秋冬主题的创作，或者为冬日的节日装点欢乐的气氛；
- 在中式插花创作中通常会对密满的果枝进行疏剪，以获得理想的姿态和虚实关系；
- 短小的果枝可以分别剪取下来插制圣诞花环；
- 用花泥或剑山进行插花造型时，宜将其枝条基部进行“十”字剪口处理，以利站稳；
- 枝干较硬，宜用枝剪进行剪切花枝；
- 有轻度毒性，应避免儿童误食。

垂序商陆

市场名
商陆/美洲商陆

拉丁学名：*Phytolacca americana*
英 文 名：Pokeweed
花语花义：元气、野趣
瓶 插 期：7–14天

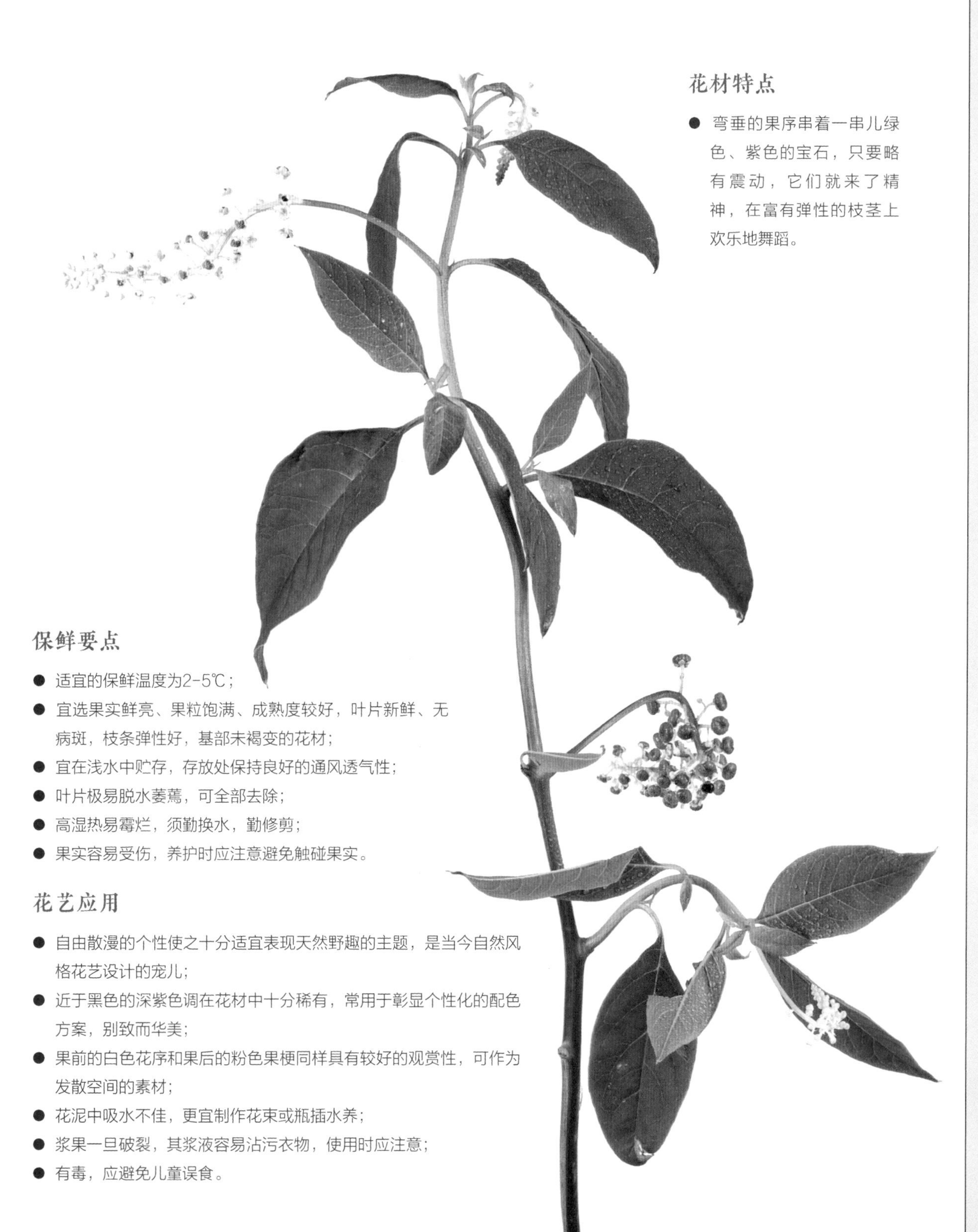

花材特点

- 弯垂的果序串着一串儿绿色、紫色的宝石，只要略有震动，它们就来了精神，在富有弹性的枝茎上欢乐地舞蹈。

保鲜要点

- 适宜的保鲜温度为2–5℃；
- 宜选果实鲜亮、果粒饱满、成熟度较好，叶片新鲜、无病斑，枝条弹性好，基部未褐变的花材；
- 宜在浅水中贮存，存放处保持良好的通风透气性；
- 叶片极易脱水萎蔫，可全部去除；
- 高湿热易霉烂，须勤换水，勤修剪；
- 果实容易受伤，养护时应注意避免触碰果实。

花艺应用

- 自由散漫的个性使之十分适宜表现天然野趣的主题，是当今自然风格花艺设计的宠儿；
- 近于黑色的深紫色调在花材中十分稀有，常用于彰显个性化的配色方案，别致而华美；
- 果前的白色花序和果后的粉色果梗同样具有较好的观赏性，可作为发散空间的素材；
- 花泥中吸水不佳，更宜制作花束或瓶插水养；
- 浆果一旦破裂，其浆液容易沾污衣物，使用时应注意；
- 有毒，应避免儿童误食。

色彩范围

市场供应期（月份）

1	2	3
4	5	6
7	8	9
10	11	12

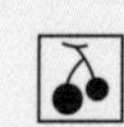

钉头果

市场名

气球果/唐棉

拉丁学名：*Gomphocarpus fruticosus*

英文名：Balloon cotton bush

花语花义：满载梦想

瓶插期：7–10天

色彩范围

市场供应期（月份）

1	2	3
4	5	6
7	8	9
10	11	12

花材特点

- 黄绿的果子披了一层软刺，仿佛跟谁斗着气，鼓鼓的刺头不肯近人，不过只要稍有碰损，便成了泄了气的皮球，不愧为“外强中干”的实证。

花艺应用

- 少有的特殊造型，使之极易形成焦点，在插花花艺中是构建趣味中心的好素材；
- 成簇生长的特点本身就具备了组群效果，十分适宜现代花艺的作品制作，对于营造节奏和韵律都大有帮助；
- 分解果球应用时，应带有一段枝条，否则不利采用花泥固定；
- 果球十分脆弱，容易泄气皱缩，降低观赏性，使用时应注意；
- 剪切时切口会有白色乳汁溢出，易碰触肌肤，操作后要注意洗手。

保鲜要点

- 适宜的保鲜温度为2–5℃；
- 宜选果球较多，各个饱满、充实、不塌陷，枝条强健、无病变的花材；
- 宜浅水中贮存，保持良好的透气性；
- 去除下部多余叶片，勿令叶片沾到水；
- 可对花枝基部进行灼烧处理，以抑制汁液外溢，并有利吸水；
- 远离热源，避免风吹。

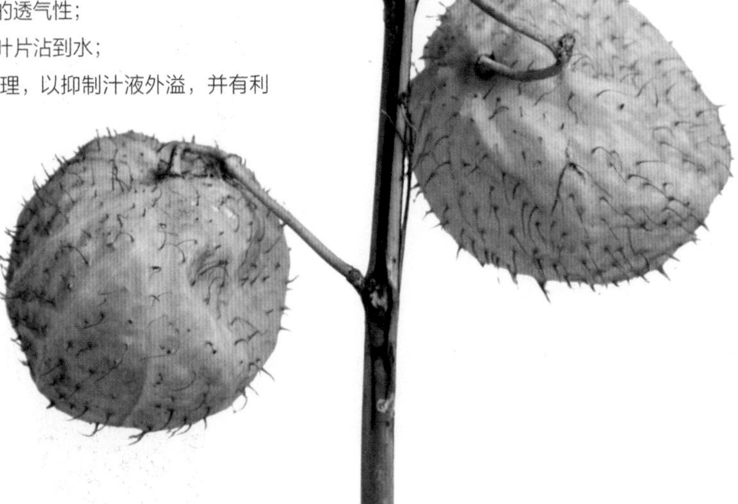

谷子

市场名 熊尾

拉丁学名：*Setaria italica* var. *italica*
英 文 名：Foxtail millet
花语花义：收获
瓶 插 期：5–10天

色彩范围

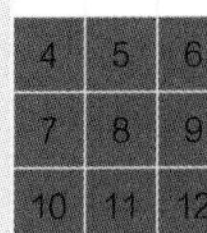

市场供应期（月份）

1	2	3
4	5	6
7	8	9
10	11	12

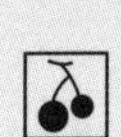

花材特点

- 越是饱满的种穗越是低垂，仿佛谦逊的智者，从不炫耀自己的收获，在给人审美感受的同时也会触发哲思。

保鲜要点

- 适宜的保鲜温度为2-5℃；
- 宜选种穗饱满，有光泽，无霉烂、损伤，叶片新鲜，茎秆较长的花材；
- 叶片容易脱水，因此在瓶插水养前宜将叶片全部去除；
- 为使种穗正常生长，可适当补充营养液；
- 远离热源，避免风吹。

花艺应用

- 体量相对较小，姿态轻盈，适宜插制中小型插花花艺作品；
- 农家风情的特质，十分适宜表现田园风格的花艺作品，传递耕作与丰收的喜悦；
- 宜三五枝成组出现，用于现代花艺的组群式插作；
- 使用时应注意插角与方向，要有一定的同一性，忌四面八方开展，易失于凌乱；
- 茎秆较细，使用剑山固定时须进行辅助支撑；
- 茎秆较弱，极易折损，操作时须谨慎。

观果凤梨

市场名　菠萝花

拉丁学名：*Ananas lucidus*
英文名：Decorative pineapple
花语花义：你很完美
瓶插期：7–10天

色彩范围

市场供应期（月份）

1	2	3
4	5	6
7	8	9
10	11	12

花材特点

- 只能看不能吃的菠萝，以其桃红色的粉面吸引人们的视线，很容易成为插花花艺作品中的焦点。

保鲜要点

- 适宜的保鲜温度为12–15℃；
- 宜选外形饱满，色感理想，表面无伤痕，茎秆有弹性的花材；
- 宜在浅水中贮存，存放处应保持干燥，忌潮湿；
- 果实基部不要沾到水或者湿花泥；
- 避免风吹，否则易使花材干枯；
- 为保证花枝充分吸水，可将花枝基部做“十”字剪口处理。

花艺应用

- 迷你的菠萝造型可以假乱真，很适合在餐桌花艺布置中制造些情趣；
- 桃红色的青春柔媚，总是给人无限遐想，令其在表达年轻的爱恋等浪漫主题的花艺创作中也会大有作为；
- 在插花花艺的构图中，宜将其置于偏下的位置，可以很好地起到稳定重心的作用；
- 果实硕大、体量较重，为确保稳定需要做辅助支撑；
- 叶片边缘有刺，使用时应加以注意；
- 插制时应注意对其粗壮的茎秆进行遮挡掩藏，以免影响作品整体的观赏效果。

鬼罂粟

市场名　罂粟果

拉丁学名：*Papaver orientale*
英 文 名：Oriental poppy
花语花义：平安
瓶 插 期：7–10天

色彩范围

市场供应期（月份）

1	2	3
4	5	6
7	8	9
10	11	12

花材特点

- 数条清晰的瓜棱均匀地分布在小罐状的灰绿色果球表面，顶上还戴了一个低调的小花冠，像极了欧洲古典的贵妇头像。

保鲜要点

- 适宜的保鲜温度为2-5℃；
- 宜选外形饱满，色感理想，表面无伤痕，茎秆有弹性的花材；
- 宜在浅水中贮存，保持良好的透气性；
- 可对花枝基部进行灼烧处理，以抑制汁液外溢，并有利吸水；
- 远离热源，避免风吹；
- 可自然风干成干花使用。

花艺应用

- 小巧的造型与精致的细节，使之适宜细细品位的小型作品；
- 成组出现才会有一定的视觉效果，不宜单枝使用；
- 常被喷成金色或银色，用于圣诞节、元旦和春节的花艺创作；
- 茎秆中空，宜穿入铁丝进行辅助支撑或造型；
- 球果易伤，操作时需多加留意，以免碰损；
- 具乳汁，易刺激肌肤，操作后要注意洗手。

红茄

市场名
西洋茄/观赏茄

拉丁学名：*Solanum integrifolium*
英 文 名：Solanum integrifolium
花语花义：天真无邪
瓶 插 期：5-10天

色彩范围

市场供应期（月份）

花材特点

- 一串一串红的黄的小番茄，三两成群地挂在枝头，远远地诱惑着你，却只能看不能吃哟。

花艺应用

- 红茄珠圆玉润，挂在枝头仿佛一串串小灯笼，活泼喜气，适宜在节庆花饰中营造欢乐、吉祥的氛围；
- 在大型插花花艺作品中，可以将其作为线条形花材整枝使用，而在小型插花花艺作品中，则可将每簇浆果分解开来单独插制；
- 红茄茎秆较粗，因此截取时应注意将剪口斜面背向主要观赏面，或借助其它素材对其进行巧妙遮挡；
- 它的果实虽美却不可食用，因此在应用时须考虑儿童的猎奇心理，避免造成不必要的麻烦。

保鲜要点

- 适宜的保鲜温度为8-10℃；
- 宜选果实圆润、表面光滑、无皱缩或伤痕，果柄鲜绿，茎秆有弹性、切口未褐变的花材；
- 浆果易霉烂，因此宜在浅水中贮存，存放处应保持干燥，忌潮湿；
- 忌向果实喷水或叶片增亮剂；
- 为防止乙烯的催熟作用，水养时花枝间应保持一定空隙，勿紧拥密置，要保持良好的通风透气性。

莲（实）

市场名　莲蓬

拉丁学名：*Nelumbo nucifera*
英 文 名：Lotus seedpod
花语花义：连生贵子、多子多福
瓶 插 期：5–7天

色彩范围

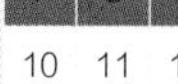

市场供应期（月份）

1	2	3
4	5	6
7	8	9
10	11	12

花材特点

- 既可插花，又可食用，还可制成干燥花长期观赏的优品花材，更以其娉婷的身材、优美的曲线赢得了花艺师们的青睐。

保鲜要点

- 适宜的保鲜温度为12–15℃；
- 宜选子实饱满，蓬头充实、鲜绿、无伤痕，茎秆挺直的花材；
- 宜在深水中贮存，存放处应保持干燥，忌潮湿；
- 避免风吹，否则易使蓬头皱缩变褐；
- 茎秆易折，应小心取放。

花艺应用

- 长长花茎的流畅线条，漏斗蓬头的独特造型，吉祥美好的寓意，使得莲蓬成为中国传统插花的常见花材；
- 明显的季相和生境特征使其在描绘夏秋景色或水滨景致的插花花艺作品中表现突出；
- 花茎中空的特点使其更适宜容器水养的插花创作；
- 也可直接剪取蓬头，在现代花艺的作品中作为团块形花材使用，容易形成区块和焦点；
- 蓬头干燥后，喷上金色或银色的素材，经常被花艺师们用来进行圣诞节的花艺布置。

陆地棉

市场名 棉花

拉丁学名：*Gossypium hirsutum*
英 文 名：Upland cotton
花语花义：珍惜身边人
瓶 插 期：14–21天

色彩范围

市场供应期（月份）

花材特点

- 与人类生活息息相关了数千年的传统经济作物，2106年因为一部名为《孤单又灿烂的神-鬼怪》的韩剧而跻身花艺界，一跃成为当红明星。

保鲜要点

- 适宜的保鲜温度为12-15℃；
- 宜选棉团较多，颜色洁白鲜亮、有光泽，无皱缩、损伤或变形，茎秆挺直、坚实的花材；
- 宜在浅水中贮存，保持良好的透气性；
- 忌向棉团喷水；
- 远离热源，避免风吹；
- 可自然风干成干花使用。

花艺应用

- 特殊的质感使之在插花花艺创作中能够提供质感的变化，增强作品的丰富度和细腻感；
- 属于新型花材，具较强的时尚感，通常单独剪取棉团进行礼盒的设计；
- 宜用于秋冬季节性主题的插花与花艺创作，向人传递圆满和温暖的信息；
- 现代花艺设计中常将其同保鲜花（永生花）进行搭配；
- 西方插花中常将其喷成金色或银色，用于圣诞节花艺装饰；
- 茎秆较硬，尤其是干燥之后，宜用枝剪或花艺钳进行截取。

小米辣

市场名 小辣椒

拉丁学名：*Capsicum frutsecens*
英 文 名：Chili pepper
花语花义：倔强
瓶 插 期：10–15天

色彩范围

市场供应期（月份）

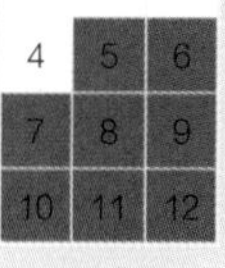

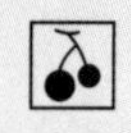

花材特点

- 小枝“之”字形，曲折向前；浆果直立，短小精悍——给人不屈不挠、积极进取的激励。

保鲜要点

- 适宜的保鲜温度为13~15℃；
- 宜选果实饱满、表面光滑、无皱缩或伤痕，果柄鲜绿，茎秆有弹性、切口未褐变的花材；
- 宜在浅水中贮存，存放处应保持干燥，忌潮湿；
- 忌向果实喷水或叶片增亮剂；
- 水养时花枝间应保持一定空隙，勿紧拥密置，要保持良好的通风透气性。

花艺应用

- 宜用枝剪截取粗硬的主枝；
- 浆果体型较小，分枝较多，可视为散形花材在作品中过渡空间，烘托主花；
- 表面光泽，色彩鲜亮，适宜在作品中制造亮点，活跃气氛；
- 单果体量感不强，宜分解小枝后成束、成丛式应用，以形成理想大小的斑块效果；
- 市场上的小米辣已经被去掉了全部叶片，因此在插花构图中适宜将其插在下部空间，以免裸露光秃的茎秆。

普通小麦

市场名　麦子

拉丁学名：*Triticum aestivum*

英文名：Common wheat

花语花义：财富

瓶插期：5–7天

色彩范围

市场供应期（月份）

花材特点

- 朴素大方，平易近人，承载着人类久远的家园印记，既传统又时尚。

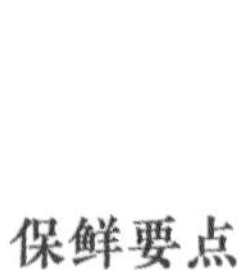

保鲜要点

- 适宜的保鲜温度为2-5℃；
- 宜选籽实饱满，无皱缩或缺损，茎秆挺直、充实的花材；
- 宜在浅水中贮存，保持良好的透气性；
- 水养时勿紧拥密置；
- 远离热源，避免风吹；
- 可自然风干成干花使用。

花艺应用

- 带着丰收的喜悦，用于花艺作品中往往寄托了人们对收获、成功、圆满、富足的向往；
- 在秋冬季的婚礼花饰中常用于新娘手花的设计；
- 成组出现才会有一定的视觉效果，不宜单枝使用；
- 干花材常被染成各种色彩，多用于节日庆典的花艺装饰；
- 单纯以其编制的花环，具有一脉相传的美好寓意，常用于颇具历史的店面装饰或有一定家传的家居布置；
- 现代花艺设计中也常将其同保鲜花（永生花）进行搭配。

乳茄

市场名
五指茄/黄金果

拉丁学名：*Solanum mammosum*
英文名：Nipplefruit
花语花义：五福临门、五代同堂
瓶插期：60—90天

花材特点

- 外形奇特，色彩明亮，观赏期长，可粗放管理，甚至无需水养。

花艺应用

- 乳茄具有五福临门、五福捧寿、五代同堂、黄金富贵等吉祥寓意，因此十分适宜喜庆欢乐场合的花艺设计；
- 具有古怪造型的乳茄可以和观赏南瓜等素材一起成为万圣节花艺装饰的主角；
- 乳茄虽可以整枝应用，但多数会被分解使用，十分适宜在作品中营造趣味中心，容易形成焦点；
- 由于果实的分量不轻，在插制时需要把握好均衡，必要时可进行辅助支撑，以免花枝倾倒；
- 可单独剪取每簇果实，用金属线缠绕果柄进行悬挂装饰；
- 可分别剪取每个果实，用竹签插入其基部独立使用。

保鲜要点

- 通常条件下即可保证持久的观赏性，一般无需冷藏保鲜；
- 宜选果实色泽鲜亮、无皱缩或伤痕，果柄鲜绿，茎秆有弹性、切口未褐变的花材；
- 宜在浅水中贮存，无水存放也能保持较长时间的观赏性；
- 存放处宜保持干燥，通风性良好。

色彩范围

市场供应期（月份）

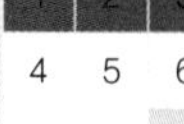

1	2	3
4	5	6
7	8	9
10	11	12

珊瑚樱

市场名
冬珊瑚／四季果／吉庆果

拉丁学名：*Solanum pseudocapsicum*
英 文 名：Jerusalem cherry
花语花义：吉庆
瓶 插 期：10–15天

色彩范围

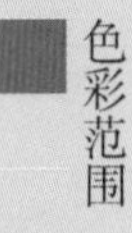

市场供应期（月份）

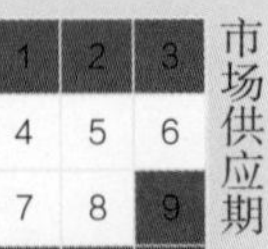

花材特点

- 圆润鲜亮的金色果实镶嵌在浓绿的枝叶间，向人们传递着美好讯息，但却怀有毒性，只可观不可食。

保鲜要点

- 适宜的保鲜温度为13–15℃；
- 宜选果实饱满、表面光滑、无皱缩或伤痕，果柄鲜绿，茎秆有弹性、切口未褐变的花材；
- 宜在浅水中贮存，存放处应保持干燥，忌潮湿；
- 去除下部多余叶片，勿令叶片沾到水；
- 忌向果实喷水或叶片增亮剂；
- 水养时花枝间应保持一定空隙，勿紧拥密置，要保持良好的通风透气性。

花艺应用

- 枝叶茂盛，浆果大小适中，在作品中可以起到填充空间、点亮色调、活跃气氛的作用；
- 在中式插花中常用于表现成熟秋景的主题，同秋花、红叶等形成典型的秋之季相；
- 果实有一定重量，可通过修剪叶片对枝条走势进行微调，以达到理想的效果；
- 在现代花艺中也可剪取带柄的小果进行串连等应用；
- 果虽可爱但有毒，因此尽量不要在儿童容易触及的地方使用，以免误食。

台湾藜（红藜）

市场名：柔丽丝/彩虹米

拉丁学名：*Chenopodium formosanum*

英文名：Red quinoa

花语花义：谦和

瓶插期：7–10天

色彩范围

市场供应期（月份）

1	2	3
4	5	6
7	8	9
10	11	12

花材特点

- 高挑的身段娉婷成一位温柔的淑女，长长的果穗弯垂成一道彩色的瀑布，仿佛情人间的诉说，默默无语，春色旖旎。

保鲜要点

- 适宜的保鲜温度为8–10℃；
- 宜选果序饱满颀长，色泽鲜亮，无落花，叶片无病斑、枯黄或萎蔫，茎秆粗壮挺立的花材；
- 宜在浅水中贮存，远离热源，避免风吹；
- 去除全部叶片有利保鲜；
- 宜勤剪花枝基部，以利吸水；
- 可适当补充营养液。

花艺应用

- 果序成弯垂的线条在花材中相对少见，适宜构建大中型插花作品的上部空间；
- 果序较长，可达30–60cm，在作品的高度上要留有足够的空间呈现花序自然弯垂的姿态美；
- 在现代花艺中也常用于悬挂式设计；
- 在架构花艺中是装饰构架的理想素材；
- 也可在铺陈设计中表现曼妙起伏的多样性变化；
- 花穗较柔弱，使用时需加留意，以免碰伤。

菥蓂

市场名 翠扇

拉丁学名：*Thlaspi arvense*
英 文 名：Field pennycress
花语花义：无微不至
瓶 插 期：7–14天

色彩范围

市场供应期（月份）

1	2	3
4	5	6
7	8	9
10	11	12

花材特点

- 圆圆的、薄薄的小果片整齐地挂在茎端，四面开展，好似一面面绿色的团扇，让人觉出了夏日的清凉。

花艺应用

- 散点状的线形素材，别有一番玲珑剔透的美，在背景与主景间可以起到理想的过渡作用；
- 既轻盈柔美又充满童趣，无论是送女士还是送孩子的花礼设计，都是不错的配材；
- 虽是果片，但并不显得厚重，且具有小巧的灵动感，可增强作品的生动性；
- 茎秆柔韧可用铁丝蟠扎进行弯曲造型；
- 分解的小果片可用于粘贴等设计，还可作为人体花饰精致的垂挂素材。

保鲜要点

- 适宜的保鲜温度为2–5℃；
- 宜选小果片较多，形状规整，颜色鲜亮，无病斑、脱落，茎秆挺直、未干枯的花材；
- 宜在浅水中贮存，保持良好的透气性；
- 远离热源，避免风吹；
- 可自然风干成干花使用。

星芒松虫草

市场名 风车果

拉丁学名：*Scabiosa stellata*
英 文 名：Starflower pincushions
花语花义：归隐
瓶 插 期：6–8天

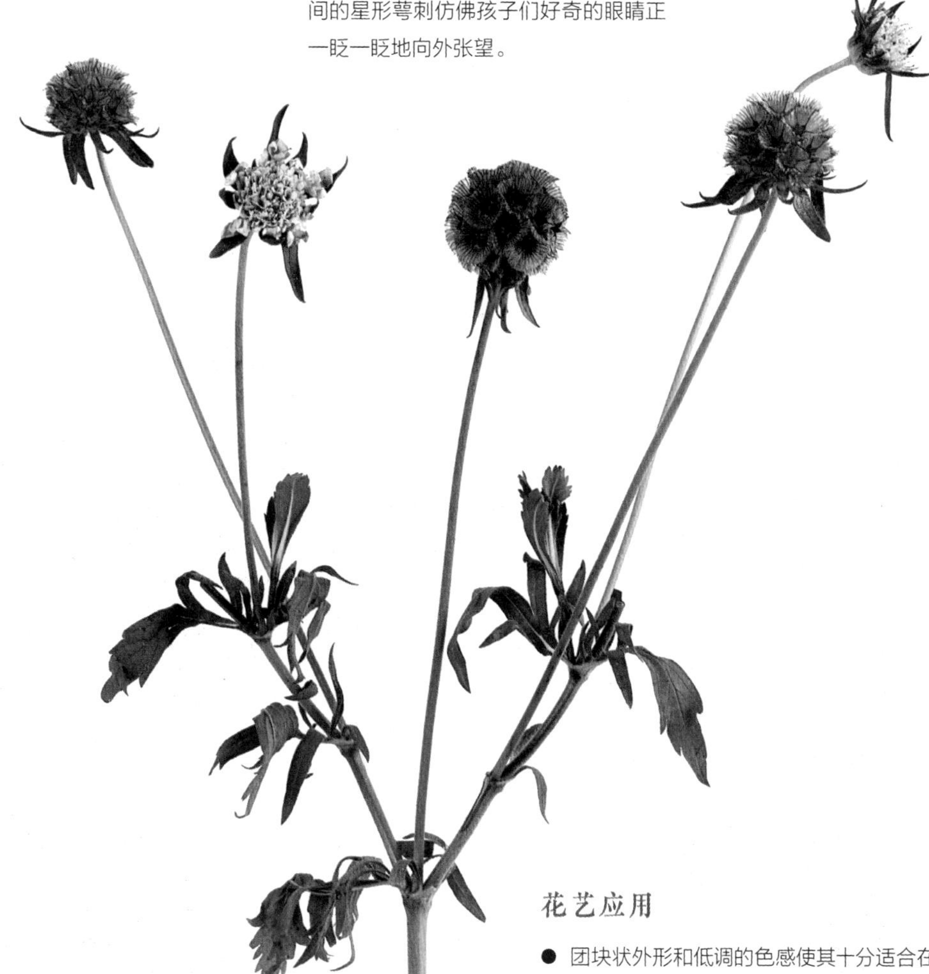

花材特点

- 别致可爱的种子球，宿存的膜质花萼呈漏斗状一个个紧密地排成了圆球形，其间的星形萼刺仿佛孩子们好奇的眼睛正一眨一眨地向外张望。

保鲜要点

- 适宜的保鲜温度为2–5℃；
- 宜选苞片颜色鲜亮，叶片整齐、无霉烂，花茎鲜绿、未干枯的花材；
- 叶片容易脱水，因此在瓶插水养前宜将叶片全部去除；
- 一旦脱水，可采取热水浸烫法进行处理；
- 属于天然干花，将花材扎成一小束悬挂在通风良好且阴凉干燥处，大约2周即可风干。

花艺应用

- 团块状外形和低调的色感使其十分适合在插花花艺作品中作为配花使用，插制在主花周围能够很好地衬托出主花的精彩亮丽；
- 它特有的别致造型使其充满了趣味性，可以创造联想空间，在表现童真和情趣纵横的作品中可以发挥积极作用；
- 小漏斗的半透明效果和干爽的质感，令其具有了非比寻常的高级品质，能够在作品中很好地体现时尚感；
- 黑色小五星所带来的神秘和梦幻气质，使其在独特的情人花礼和浪漫的新娘花饰中也会有出色表现；
- 适宜具有现代感的插花创作和花艺设计。

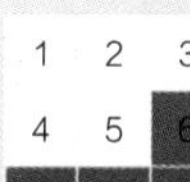
色彩范围

市场供应期（月份）

雪果

市场名
白苹果/粉苹果

拉丁学名：*Symphoricarpos albus*
英 文 名：Snowberry
花语花义：可爱
瓶 插 期：7–14天

色彩范围

市场供应期（月份）

1	2	3
4	5	6
7	8	9
10	11	12

花材特点

- 白色或粉色的圆球状果实紧密地簇拥在一起，仿佛在枝顶和叶腋处结了一团一团的小苹果。

保鲜要点

- 适宜的保鲜温度为6–8℃；
- 宜选果实密集、果粒较大、成熟度较好，叶片新鲜、未干枯的花材；
- 宜在深水中贮存，存放处保持一定的空气湿度；
- 去除下部多余叶片，勿令叶片沾到水；
- 为保证花枝充分吸水，可将花枝基部做“十”字剪口处理；
- 果实容易受伤，养护时应注意避免触碰果实。

花艺应用

- 雪果在枝条上此起彼伏的分布状态，使整枝花具有了跃动的韵律感，很适合在插花花艺作品中体现生动的变化；
- 白色雪果天生带有冷凉的气息，既适合营造冬日雪景，也适合在夏日主题的作品中送去一丝清凉；
- 为了凸显果实的效果，可以将枝条上的叶片全部去除；
- 团聚的果序的重量，会影响枝条的姿态，插制时可通过调整插角大小或疏除部分小果的方法使之保持理想效果。

艳果金丝桃

市场名
火龙珠/红豆

拉丁学名：*Hypericum androsaemum*
英 文 名：Sweet-amber
花语花义：闪耀、相思
瓶 插 期：10—14天

色彩范围

市场供应期（月份）

1	2	3
4	5	6
7	8	9
10	11	12

花材特点

- 插花花艺创作中常见的配材，果序开散、果实小巧，如珠似玉，能够很好地过渡空间，烘托气氛。

保鲜要点

- 适宜的保鲜温度为2-5℃；
- 宜选果实较多、果粒大小均匀、果色鲜亮、无落果现象，萼片鲜绿，果柄挺直，叶片无褐斑的花材；
- 宜在浅水中贮存，存放处应保持干燥，忌潮湿；
- 去除下部多余叶片，勿令叶片沾到水；
- 叶片会先于果实枯萎，应及时去除枯萎的叶片；
- 一旦脱水，可采取温水浸泡法进行处理。

花艺应用

- 蓬松开散的外貌使艳果金丝桃在插花花艺作品中十分适合作为配材来陪衬主花；
- 红色、绿色的果实晶莹剔透，仿佛红绿宝石，给人高贵典雅之感，十分适宜服饰花的制作；
- 它的叶片往往自然向下翻卷，会给人不精神的印象，在应用时可以根据需要对叶片进行疏剪；
- 虽然果序是开散的外形，但也有向背之分，插制时应先确认它的正反面，使正面朝向观众；
- 漂亮的小果实常被单独摘取下来，用钢草、金属线等线形花材或辅材进行穿越或串连，模仿珍珠的用法在作品中进行装饰点缀。

野蔷薇

市场名 蔷薇果

拉丁学名：*Rosa multiflora*
英文名：Rose hip
花语花义：诚实
瓶插期：10–15天

色彩范围

市场供应期（月份）

1	2	3
4	5	6
7	8	9
10	11	12

花材特点

- 近年来兴起的木本果材，叶片在上市前全部去除，以获得理想的观赏效果。

花艺应用

- 红色、橙色的野蔷薇果挂在裸裎的枝头，很有秋日的风情，十分适用于表现秋季的花艺创作；
- 红的果、黑的脐，这种特殊的配色令其像极代表相思的红豆，因此它也十分适宜表现情爱的主题；
- 枝条上有刺，使用时应加以注意；
- 小果可做粘贴，但不宜进行串连；
- 通过修剪会令枝条呈现动人的姿态，因此在东方式插花创作中也有不错的表现。

保鲜要点

- 适宜的保鲜温度为2-5℃；
- 宜选果序丰盈，果粒大小均匀、色泽鲜亮，果柄鲜绿，枝条有弹性的花材；
- 宜在深水中贮存；
- 为保证花枝充分吸水，可将花枝基部进行锤击处理；
- 避免风吹，否则易使果实脱水皱缩。

— 叶材 —

即各种各样的植物叶片类鲜切花素材，有的细若钢丝，如草树的叶子；有的大若托盘，如八角金盘的叶子；有的平整，如香龙血树的叶片；有的褶皱，如波士顿蕨的复叶等。叶材的体量和形态往往决定了它们在插花花艺作品中的应用，宽阔的叶片可以起到衬托的作用，常作打底之用，细长的叶子可以起到贯穿、连接的作用，常作串连之用。

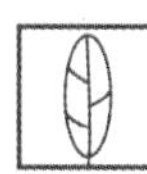

棕竹

市场名　棕叶

拉丁学名：*Rhapis excelsa*
英文名：Broadleaf lady palm
花语花义：慈悲
瓶插期：10–15天

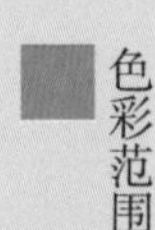

色彩范围

市场供应期（月份）

花材特点

- 叶片掌状深裂，裂片细长挺实，平展于叶柄之上，姿态清秀俊美，具竹之风雅，又因常植于庙宇周围，仿佛庙宇的守护神，故另有“观音竹”之名。

保鲜要点

- 适宜的保鲜温度为12–15℃；
- 宜选叶型规则整齐、辐射对称，叶裂挺实，表面无伤痕、病斑，先端无枯焦，叶柄较长，基部未褐变的花材；
- 宜在浅水中贮存，保持良好的通风透气性；
- 及时去除叶裂先端干枯的部分；
- 远离热源，避免风吹；
- 可通过叶片增亮剂提升观赏效果。

花艺应用

- 体量适中，造型规整，适宜插制装饰性较强的花艺作品；
- 姿态清雅，寓意吉祥，也宜于中式插花中表现君子之风与佛光普照的意象；
- 典型的热带风貌，对于表现热带风光的写景式插花更加擅长；
- 与生俱来的虚实关系，在作品中能够很好地调节重心，丰富层次；
- 现代花艺中常将叶裂先端修剪成平直的造型进行应用；
- 也可分解小叶裂用于卷圈、编织等多种技法的处理。

花材特点

- 掌状开裂的大叶片通常有7-9枚羽毛状的裂瓣，中间最大，两边渐小，基部最小，整片擎起的样子就像天鹅舞动的翅膀，美妙昭然。

花艺应用

- 礼仪插花、大型插花花艺的常见配材；
- 典型的面状素材，宜做打底之用，能够很好地遮盖花泥和枝脚；
- 叶片与叶柄间成一定夹角，可通过铁丝辅助支撑的技法调整夹角大小；
- 叶片耐修剪，常将其剪裁成扇形或心形应用；
- 亦有将其大部分叶肉去除，仅留开散的主叶脉及其先端修剪成三角形叶肉的造型；
- 自然风干后，枯叶的造型也具有一定审美效果，可用于特殊需求。

保鲜要点

- 适宜的保鲜温度为2-5℃；
- 宜选叶片平整，叶色鲜亮，叶面无伤痕、病斑，叶柄挺直、有一定长度的花材；
- 宜在浅水中贮存，避免风吹；
- 用半湿毛巾擦拭叶面，可使叶片愈发光亮润泽；
- 水养时勿紧拥密置，保持良好的透气性。

八角金盘

市场名 八角叶

拉丁学名：*Fatsia japonica*

英 文 名：Japanese aralia

花语花义：八方来财

瓶 插 期：5-7天

色彩范围

市场供应期（月份）

1	2	3
4	5	6
7	8	9
10	11	12

波斯顿蕨

市场名 波斯顿叶

拉丁学名：*Nephrolepis exaltata*

英 文 名：Boston fern

花语花义：耐心

瓶 插 期：5-7天

色彩范围

市场供应期（月份）

1	2	3
4	5	6
7	8	9
10	11	12

花材特点

- 中部宽阔，本末渐尖，形似飞梭，小叶皱边，波浪起伏，跃动活泼，伶俐可爱。

花艺应用

- 造型优雅生动，在东方式插花和现代自由式插花创作中能够很好地展现自然情趣和时尚之风；
- 宜分段剪取叶轴进行应用，作小花型的配材，是胸花、腕花等服饰花的常用素材；
- 叶轴柔韧易造型，可通过按摩进行拿弯，以获得最佳的姿态；
- 叶轴两端皆易插入花泥固定，因此宜作两边插入的弧形或环状造型；
- 去除一侧小叶的造型在人体花饰中可用作颈花、腕花的底衬，犹如蕾丝，精致典雅；
- 叶柄纤细，若用剑山插制则需要辅助支撑。

保鲜要点

- 适宜的保鲜温度为5-8℃；
- 宜选叶形优美，叶色饱和鲜亮，叶面无伤痕、病斑，叶柄柔韧有弹性，无黄叶、落叶的花材；
- 宜在浅水中贮存，保持一定的空气湿度；
- 为避免叶片脱水，可向其喷水以补充散失的水分；
- 远离热源，避免风吹。

革叶蕨

市场名
羊齿叶/高山羊齿

拉丁学名：*Rumohra adiantiformis*
英 文 名：Leatherleaf fern
花语花义：神秘、魅力
瓶 插 期：10—14天

色彩范围

市场供应期（月份）

1	2	3
4	5	6
7	8	9
10	11	12

花材特点

- 新娘手花的传统配材，羽片大小适中，羽叶排列有序，羽裂细而不碎，叶色鲜亮光洁，体态优雅轻盈，深受女士们的喜爱。

花艺应用

- 叶形规整，整体呈虚状面，端庄又不失活泼，适宜各种风格和场合的插花花艺创作，在作品中可丰富层次、过渡虚实、调节重心；
- 宜分解小片羽叶进行应用，作小花型的配材，是胸花、腕花等服饰花的优质素材；
- 分解下来的小片羽叶须用铁丝进行辅助支撑和造型；
- 叶片开展具有方向性，使用前应先仔细审度，将其最好的表情朝向观众；
- 叶柄纤细，若用剑山插制则需要辅助支撑；
- 小叶易折，使用时应加以留意。

保鲜要点

- 适宜的保鲜温度为2-5℃；
- 宜选叶片平整，叶色鲜亮，叶面无伤痕、病斑，叶柄挺直、有弹性的花材；
- 宜在浅水中贮存，保持一定的空气湿度；
- 用半湿毛巾擦拭叶面，可使叶片愈发光亮润泽；
- 为避免叶片脱水，可向其喷水以补充散失的水分；
- 远离热源，避免风吹。

龟背竹

市场名　龟背叶

拉丁学名：*Monstera deliciosa*
英 文 名：Swiss cheese plant
花语花义：健康、长寿
瓶 插 期：5–7天

色彩范围

市场供应期（月份）

1	2	3
4	5	6
7	8	9
10	11	12

花材特点

- 来自热带雨林的素材，小若面具，大似蒲扇，光滑厚实，羽状开裂，在叶肉间随意点缀了大小不一的孔洞，仿佛开的小天窗，成了它独一无二的胎记。

保鲜要点

- 适宜的保鲜温度为12–15℃；
- 宜选叶片平整，叶色鲜亮，叶面无伤痕、病斑，叶柄粗壮挺直、切口未褐变的花材；
- 宜在浅水中贮存，保持一定的空气湿度；
- 用半湿毛巾擦拭叶面，可使叶片愈发光亮润泽；
- 宜于在温暖的环境贮存；
- 远离热源，避免风吹。

花艺应用

- 叶片厚革质，不易脱水，是礼仪插花、现代花艺的优质配材，常用于花束、花篮的插制；
- 典型的面状素材，在作品中可以负责托举空间，建构层次；
- 宜做打底之用，能够很好地遮盖花泥和枝脚；
- 叶形美观，特有的斑驳孔洞，富于情趣，在作品中可以提供多样性和趣味点；
- 叶片与叶柄间成一定夹角，可通过铁丝辅助支撑的技法调整夹角大小；
- 叶片光滑耐修剪，可根据需要将其剪裁至理想效果。

鹤望兰（叶）

市场名　大鸟叶

拉丁学名：*Strelitzia reginae*
英　文　名：Strelitzia
花语花义：羽翼、可靠
瓶　插　期：10–15天

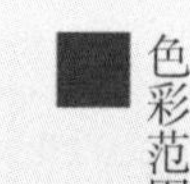
色彩范围

市场供应期（月份）

花材特点

- 叶柄直立坚挺，叶片倒卵形，表面光泽，质地厚实，仿佛一座丰碑，给人强有力的稳定感与庄重感。

花艺应用

- 典型的面状素材，宜插于作品后部或底部，建构背景或底面，起到承载和衬托的作用；
- 宜水平插制，形成稳定的平行面，极易获得层次感；
- 垂直插制可以很好地体现设计感，高度一致可以获得统一性，高低起伏可以形成韵律变化；
- 体量感较强，宜与体量感相当的花材进行搭配，如鹤望兰、八仙花、大丽花等；
- 可对叶片进行分段剪除的处理，以求得一定的虚实变化；
- 造型过于平直，不适宜东方式插花和现代自然风格类型的花艺。

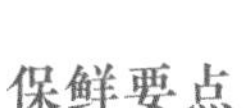

保鲜要点

- 适宜的保鲜温度为10–15℃；
- 宜选叶片平整，叶色鲜亮，叶面无伤痕、病斑，叶缘无焦边、翘起，叶柄坚挺的花材；
- 宜在浅水中贮存，保持一定的空气湿度；
- 用半湿毛巾擦拭叶面，可使叶片愈发光亮润泽；
- 可通过叶片增亮剂提升观赏效果；
- 远离热源，避免风吹。

加莱克斯草

市场名 银河叶

拉丁学名：*Galax urceolata*
英 文 名：Beetleweed
花语花义：期盼、牵手、自省
瓶 插 期：10–21天

色彩范围

市场供应期（月份）

1	2	3
4	5	6
7	8	9
10	11	12

花材特点

- 外轮饱满基部深陷，好似一片片小扇子，表面明净光亮照人，又像一面面小镜子，叶片小巧玲珑，叶柄坚实易插，是不可多得的小型配材。

保鲜要点

- 适宜的保鲜温度为2–5℃；
- 宜选叶片平整，叶色鲜亮，叶面无伤痕、病斑，叶柄挺直、柔韧的花材；
- 及时拆除密封的塑料包装；
- 宜在浅水中贮存，勿令叶片沾到水；
- 用半湿毛巾擦拭叶面，可使叶片愈发光亮润泽；
- 远离热源，避免风吹。

花艺应用

- 表面光泽有金属质感，具较强的时尚性，适宜个性、前卫的花艺设计；
- 体量小、纹理细腻，适宜在小型插花花艺作品中体现精致、典雅之美；
- 宜与多种小型草本花材搭配，成为新娘花饰的主角；
- 宜在作品中做镶边处理，以充分展示其边缘的钝齿造型，起到蕾丝花边的效果；
- 叶片革质，不易脱水，适宜作铺陈、层叠、重叠、串连等设计；
- 叶柄长度有限，不适宜较深的容器水养插花。

阔叶山麦冬

市场名 春兰叶/斑春兰

拉丁学名： *Liriope muscari*

英文名： Big blue lilyturf

花语花义： 隐藏的心意、无邪、信赖

瓶插期： 5–7天

色彩范围

市场供应期（月份）

花材特点

- 叶片细长，飘若仙子；弧形弯垂，谦若君子；脉纹清晰，诚若赤子；革质耐干，韧若志士；温良随和，备受青睐。

花艺应用

- 柔美的线形素材，颇具动感，在作品中可以活跃气氛、丰富层次；
- 宜分解叶片单独或重组应用，并适宜编织等多种现代花艺技法的造型；
- 叶形似兰，是禅意插花、茶席插花等东方式插花的常见素材；
- 宜进行新娘手花等精致花饰的创作，覆在手花表面，或成丛下垂都能体现自然优美的律动感；
- 叶片仅基部较硬处便于插制，调节叶片长短时，宜去先端，将截口处斜剪，以求自然叶尖效果；
- 叶片弧度和朝向可通过按摩进行微调。

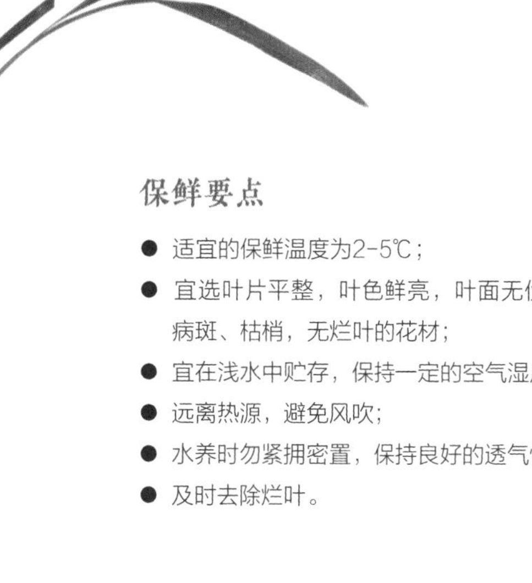

保鲜要点

- 适宜的保鲜温度为2–5℃；
- 宜选叶片平整，叶色鲜亮，叶面无伤痕、病斑、枯梢，无烂叶的花材；
- 宜在浅水中贮存，保持一定的空气湿度；
- 远离热源，避免风吹；
- 水养时勿紧拥密置，保持良好的透气性；
- 及时去除烂叶。

狼尾蕨

市场名　狼尾叶

拉丁学名：*Davallia bullata*
英 文 名：Squirrel's-foot fern
花语花义：坚忍、洒脱
瓶 插 期：5-7天

色彩范围

1	2	3
4	5	6
7	8	9
10	11	12

市场供应期（月份）

花材特点

● 花材新秀，多回羽状深裂镂刻出蕾丝般精致的三角叶片，在富有弹性的长叶柄上错落有序地排成宝塔形，展现着迷人风采。

花艺应用

● 叶形规整，纹路精细，身姿绰约，具有朦胧美和灵动感，适宜轻巧、精致、优雅、时尚的插花花艺创作，可为作品增添神秘高贵的色彩；
● 宜分解小片羽叶进行应用，作小花型的配材，是胸花、腕花等服饰花的优质素材；
● 分解下来的小片羽叶须用铁丝进行辅助支撑和造型；
● 叶片开展具有方向性，使用前应先仔细审度，将其最好的表情朝向观众；
● 叶柄纤细，若用剑山插制则需要辅助支撑。

保鲜要点

● 适宜的保鲜温度为5-8℃；
● 宜选叶片平整，叶色鲜亮，叶面无伤痕、病斑，叶柄挺直、有弹性的花材；
● 宜在浅水中贮存，保持一定的空气湿度；
● 为避免叶片脱水，可向其喷水以补充散失的水分；
● 远离热源，避免风吹；
● 及时去除干枯的小叶。

乌巢蕨

市场名　山苏叶

拉丁学名：*Asplenium nidus*

英 文 名：Bird's-nest fern

花语花义：家、安宁

瓶 插 期：7–14天

色彩范围

市场供应期（月份）

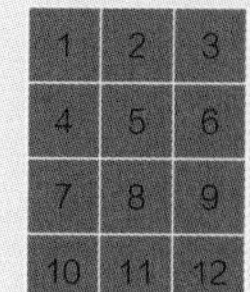

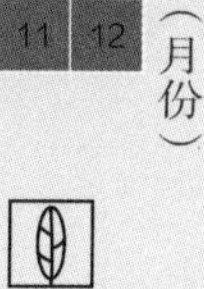

花材特点

- 配材中的老牌贵族，宽大厚实的叶片犹如甩出的飘带，凝住了起伏的动感，忽明忽暗的叶色仿佛漾开的水波截取了瞬间的光彩，可谓气质非凡。

保鲜要点

- 适宜的保鲜温度为2-5℃；
- 宜选叶片平整柔韧，叶色饱和鲜亮，叶面无伤痕、病斑的花材；
- 宜在浅水中贮存，保持一定的空气湿度；
- 为避免叶片脱水，可向其喷水以补充散失的水分；
- 用半湿毛巾擦拭叶面，可使叶片愈发光亮润泽；
- 可通过叶片增亮剂提升观赏效果。

花艺应用

- 适宜多种非插制造型，是现代花艺的百变素材；
- 宜整片用于大型花艺设计的铺陈处理，适宜覆盖各种材质的表面；
- 可直接用作餐桌花的铺垫，体现几座和垫板的意象效果；
- 将其多片重叠侧向填充到容器内，可取代花泥固定花枝；
- 通过不同的卷圈处理可获得球、半球和圆柱等多种造型，能够充分利用波浪皱边的审美特质展现特殊的艺术效果；
- 靠近叶片基部的主脉较硬不利造型，须预先剪除。

蒲葵

市场名 葵叶

拉丁学名：*Livistona chinensis*
英文名：Chinese fan palm
花语花义：团结
瓶插期：10-15天

色彩范围

市场供应期（月份）

1	2	3
4	5	6
7	8	9
10	11	12

花材特点

- 起伏多皱的圆形大叶片，先端开裂为较长的小裂片，虚实相济中流露着充满热带风情的动感。

保鲜要点

- 适宜的保鲜温度为12-15℃；
- 宜选叶片完整，辐射对称，叶色鲜亮，叶梢不焦枯、不下垂，叶柄坚挺、基部未褐变的花材；
- 宜在浅水中贮存，保持一定的空气湿度；
- 为避免叶片脱水，可向其喷水以补充散失的水分；
- 可通过叶片增亮剂提升观赏效果；
- 远离热源，避免风吹。

花艺应用

- 典型的面状大叶片，适宜插作大型插花花艺作品，可以撑起足够的空间；
- 在独具魅力的人体花艺中也常被用作裙摆，成为设计的亮点；
- 沿叶缘剪除小裂片可获得边缘整齐的大叶扇；
- 将先端分裂的小裂片沿叶缘进行编织处理，能够获得规整立体的叶缘效果；
- 沿叶裂继续撕裂叶片可获得大小分散的叶片效果；
- 适度修剪的叶片也可在东方式插花中体现一定的造型美。

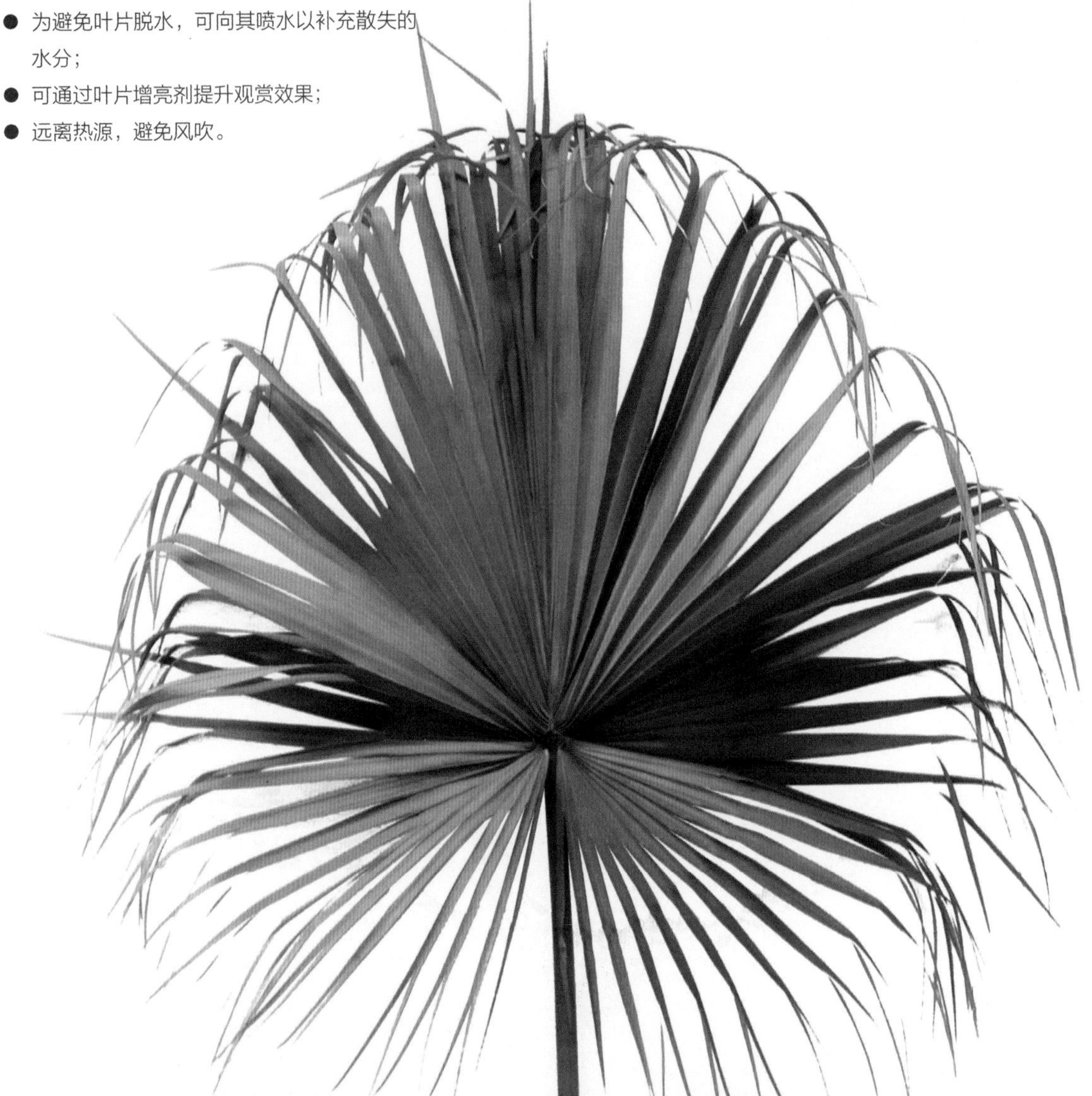

散尾葵

市场名　散尾叶

拉丁学名：*Chrysalidocarpus lutescens*

英文名：Yellow palm

花语花义：优美

瓶插期：7–10天

色彩范围

市场供应期（月份）

1	2	3
4	5	6
7	8	9
10	11	12

花材特点

- 婆娑的羽叶高高扬起，轻盈的羽片微微颤动，自然的柔美经巧手一改就成了剑锋的坚毅和苇席的娇憨，真可谓叶材中的百变佳丽。

花艺应用

- 典型的大叶片，叶形优美飘逸，适宜插作大型插花花艺作品，各方向均可开展，既能撑起高度，也能水平拓展，还能下垂延伸；
- 分段剪取叶轴进行应用也不错，在中小型作品中也是极好的配材；
- 细长的小叶先端极易下垂或干枯，使用前要对其进行修剪，不同的修剪方式可使整片复叶获得船帆、箭羽等形态各异的造型；
- 小叶柔韧性极好，适于多种编织技法的应用；
- 应注意在同一件作品中，对其采用的造型手法切忌杂用，以免纷乱，有失统一；
- 细长坚挺的叶柄既可作为硬质线形素材单独使用，也可作捆绑设计，还可用于辅助支撑。

保鲜要点

- 适宜的保鲜温度为12-15℃；
- 宜选叶片平整，叶色鲜亮，叶面无伤痕、病斑、枯梢，叶柄有弹性、基部未褐变的花材；
- 宜在浅水中贮存，保持一定的空气湿度；
- 为避免叶片脱水，可向其喷水以补充散失的水分；
- 远离热源，避免风吹。

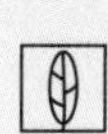

肾蕨

市场名　排草

拉丁学名：*Nephrolepis cordifolia*
英 文 名：Fishbone fern
花语花义：恭敬、严谨
瓶 插 期：14–21天

色彩范围

市场供应期（月份）

1	2	3
4	5	6
7	8	9
10	11	12

花材特点

- 元老级配材，边缘具钝齿的镰刀形小叶在叶轴两边整齐紧密地排列成宝剑形，状若翎羽，具有多种变形效果。

花艺应用

- 叶形规整，整体呈带状，在插花花艺作品中可向四周发散空间，最宜插制放射状的插花造型；
- 宜分段剪取叶轴进行应用，作小花型的配材，是胸花、腕花等服饰花的常用素材；
- 可将下部2/3的小叶全部去除，仅留上部1/3的小叶在长长的叶轴先端呈现飘逸之感；
- 叶轴柔韧易造型，对于平直的叶片，可通过按摩使其适度弯曲，以呈现自然生动的效果；
- 叶轴两端皆易插入花泥固定，因此宜作两边插入的弧形或环状造型；
- 小叶易折，使用时应加以留意。

保鲜要点

- 适宜的保鲜温度为5–8℃；
- 宜选叶片平整，叶色饱和鲜亮，叶面无伤痕、病斑，叶柄挺直、有弹性，无黄叶、落叶的花材；
- 宜在浅水中贮存，保持一定的空气湿度；
- 顶梢幼嫩的部分极易脱水萎蔫，可预先剪除；
- 为避免叶片脱水，可向其喷水以补充散失的水分；
- 远离热源，避免风吹。

水烛

市场名
水烛叶／水蜡叶

拉丁学名：*Typha angustifolia*
英文名：Lesser bulrush
花语花义：和平、幸运
瓶插期：10–21天

色彩范围

市场供应期（月份）

花材特点

- 一半泥土，一半波澜；生于浅水，狭叶冲天；一面隆起，一面平板；一段径直，一段扭旋；刚柔并济，灵活多变。

保鲜要点

- 适宜的保鲜温度为2-5℃；
- 宜选叶片挺直，叶色鲜润，叶面无伤痕、病斑，基部洁白的花材；
- 宜在浅水中贮存，保持一定的空气湿度；
- 为避免叶片脱水，可向其喷水以补充散失的水分；
- 用半湿毛巾擦拭叶面，可使叶片愈发光亮润泽；
- 远离热源，避免风吹。

花艺应用

- 极好的直线形素材，常成丛或成组直立插制，用作挑高的背景素材；
- 常将一丛或一组的叶片先端修成整齐一致的平截口，体现统一感；
- 可两端插入花泥，常作两折的框架造型，在作品中起到分隔空间的作用；
- 可进行盘卷、编织等设计；
- 分段剪取叶片，可用于捆绑、铺陈、串连等造型；
- 叶片横断面为新月形，可用于小型现代花艺作品的细部处理。

苏铁

市场名　铁树叶

拉丁学名：*Cycas revoluta*

英 文 名：Sago palm

花语花义：定力

瓶 插 期：14–28天

色彩范围

市场供应期（月份）

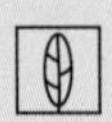

花材特点

- 针状的羽裂紧密而整齐地在叶轴两侧依次排开，仿佛士兵捍卫着信仰，坚定不移，令人肃然起敬。

花艺应用

- 最刚强的叶子，给人扎实的稳定感，是插花花艺中表现力量的好素材；
- 自然有弯的叶片可做圈叶造型或拱形设计；
- 整片叶插入花泥前须将基部羽裂去除，以利叶轴深入花泥；
- 用剑山固定叶片时，宜将叶轴基部进行“十”字剪口处理，以利站稳；
- 可分解小羽裂进行重组、粘贴等处理；
- 质感粗硬，不宜插制手把花束。

保鲜要点

- 适宜的保鲜温度为12–15℃；
- 宜选叶片挺直，叶色鲜亮，羽裂先端无枯梢，叶轴基部未褐变的花材；
- 宜在浅水中贮存，保持良好的透气性，勿紧拥密置；
- 及时剪除枯梢；
- 可通过叶片增亮剂提升观赏效果；
- 远离热源，避免风吹。

铁线蕨

市场名 铁线蕨

拉丁学名：*Adiantum capillus-veneris*

英 文 名：Maidenhair fern

花语花义：雅致、少女的娇柔

瓶 插 期：5–7天

色彩范围

市场供应期（月份）

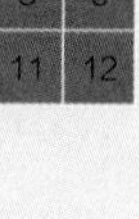

花材特点

- 铁丝般黑色、纤细而柔韧的叶柄擎起轻柔的羽片，随风轻轻摇曳，那些鱼鳍般的小羽叶仿佛打碎的翠琉璃透着阳光的暖。

花艺应用

- 叶片自然弯曲，姿态优雅轻盈，适宜表现风吹之感，能够为作品增添动律；
- 可作为点线结合的虚面状素材，在作品中过渡空间，调节虚实；
- 整片叶常用于现代自然风格的插花花艺作品中，表现山野之趣；
- 分解后小羽片宜表现禅意插花的灵秀之美；
- 礼仪插花中常用其搭配淡雅的花色来制作新娘的手花或服饰花，以营造温馨浪漫的氛围，表现新娘的恬静柔美；
- 由于叶柄过细，用剑山固定时须进行辅助支撑。

保鲜要点

- 适宜的保鲜温度为5–8℃；
- 宜选大羽片宽阔且平整、舒展，叶色翠绿清新，叶面无伤痕、焦边，叶柄柔韧有弹性的花材；
- 宜在浅水中贮存，保持一定的空气湿度；
- 为避免叶片脱水，可向其喷水以补充散失的水分；
- 远离热源，避免风吹。

仙客来

市场名　仙客来

拉丁学名：*Cyclamen persicum*

英 文 名：Persian cyclamen

花语花义：心有所属

瓶 插 期：7-10天

色彩范围

市场供应期（月份）

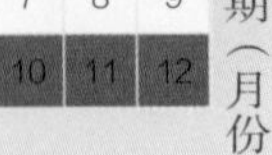

花材特点

- 小巧的心形透着说不出的可爱，精致的纹理传递着澄明的心意，即使是偶然的邂逅，也足以令人一见倾心。

花艺应用

- 小巧的造型，精美的图案，最适于设计感较强的头花、胸花、腕花等服饰花的制作；
- 美好的寓意也十分适合年轻人的告白花礼；
- 叶片柔韧，可做卷圈造型，用于串连等设计；
- 去除叶柄，单独用叶子的纹理进行粘贴、铺陈等设计也是不错的选择；
- 叶柄较柔弱，必要时须用铁丝进行辅助支撑。

保鲜要点

- 适宜的保鲜温度为2-5℃；
- 宜选叶片平整，叶形优美，纹样清晰，叶面无伤痕、病斑、虫蚀的花材；
- 宜在浅水中贮存，勿紧拥密置，保持良好的透气性；
- 确保叶片不要浸到水中；
- 远离热源，避免风吹。

香龙血树

市场名　巴西叶

拉丁学名：*Dracaena fragrans*
英 文 名：Cornstalk dracaena
花语花义：坚贞
瓶 插 期：7-10天

色彩范围

市场供应期（月份）

1	2	3
4	5	6
7	8	9
10	11	12

花材特点

- 形如宝剑，质若飘带，色润光鲜，腹带柠黄，可长可短，宜圈宜卷，行云流水，信手拈来。

花艺应用

- 礼仪插花、现代花艺的常见配材，也可用于大型中式插花的创作；
- 典型的条带状素材，宜作倾斜和水平插制，扩展水平空间，创造下垂动感；
- 叶片柔韧，耐剪易卷，可作宽变窄、长变短，以及卷圈、缠绕、打结等多种造型；
- 应用卷圈等技法时，须留意叶片正反面不同的表现效果；
- 叶片边缘略有波状起伏，可将其多片重叠侧向填充到容器内，以取代花泥固定花枝；
- 叶基部较宽阔，插制时应将叶肋两侧柔软的部分去除，仅留硬度适中的部分，并截成尖头方宜插入花泥。

保鲜要点

- 适宜的保鲜温度为12-15℃；
- 宜选叶片无枯尖，叶色鲜亮，叶面无伤痕、病斑、虫蚀的花材；
- 宜在浅水中贮存，避免风吹；
- 宜在温暖的环境贮存，但要远离热源；
- 用半湿毛巾擦拭叶面，可使叶片愈发光亮润泽；
- 水养时勿紧拥密置，保持良好的透气性。

小天使 喜林芋

市场名　小天使

拉丁学名：*Philodendron xanadu*
英 文 名：Philodendron xanadu
花语花义：宁静思远
瓶 插 期：10-14天

色彩范围

市场供应期（月份）

花材特点

- 自然弯曲的长叶柄举起仙羽的招牌，翘首企盼美丽的花仙子，共同谱写仙侣传奇。

保鲜要点

- 适宜的保鲜温度为12-15℃；
- 宜选叶色鲜亮，叶面无伤痕、病斑，叶柄粗壮挺直、有弹性的花材；
- 宜在浅水中贮存，保持一定的空气湿度；
- 用半湿毛巾擦拭叶面，可使叶片愈发光亮润泽；
- 宜于在温暖的环境贮存；
- 远离热源，避免风吹。

花艺应用

- 叶片厚革质，不易脱水，是礼仪插花、现代花艺的优质配材，也可用于中小型中式插花的创作；
- 叶形美观，不规则叶裂富于情趣，在作品中可以提供多样性和趣味点；
- 宜进行新娘手花等精致花饰的创作，呈现细腻玲珑的纹样效果；
- 叶片与叶柄间成一定夹角，可通过铁丝辅助支撑的技法调整夹角大小；
- 叶片易折，有碍观赏，使用时应加以留意。

新西兰麻

市场名　新西兰叶

拉丁学名：*Phormium tenax*
英 文 名：New zealand flax
花语花义：鼓励
瓶 插 期：10－15天

花材特点

- 形似宝剑，质地坚韧，中肋凹陷，叶缘平滑，绿底黄心，色泽光鲜，宜插宜剪，可撕可穿，是现代花艺的优质配材。

花艺应用

- 典型的硬质线性素材，在插花花艺中能够挑起背景空间的高度；
- 适宜作三角形、倒T形、L形等轴线直立有峰的插花造型的第一主枝（形体最高枝）；
- 可分解成小片，用于铺陈、层叠、串连等技法的造型；
- 可沿叶脉撕开用于编织造型；
- 基部较宽，插入花泥前最好沿中脉两侧将其修剪成尖角；
- 叶尖较为锋利，使用时须留意，以免刺伤。

保鲜要点

- 适宜的保鲜温度为12-15℃；
- 宜选叶色鲜润，无枯梢、焦边，质地坚实，叶片较长的花材；
- 宜在浅水中贮存，保持一定的空气湿度；
- 用半湿毛巾擦拭叶面，可使叶片愈发光亮润泽；
- 远离热源，避免风吹。

色彩范围

市场供应期（月份）

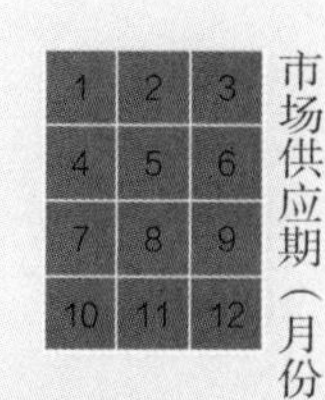

草树

市场名

钢草/刚草

拉丁学名：*Xanthorrhoea australis*

英文名：Grass-tree

花语花义：韧性

瓶插期：10–21天

色彩范围

市场供应期（月份）

1	2	3
4	5	6
7	8	9
10	11	12

花材特点

- 澳大利亚一种奇特树木的叶子，细长的身材，四棱的腰围，坚硬的质感，刚直不易变通的个性，仿佛绿色的钢丝优雅而倔强地成为现代花艺的造型高手。

保鲜要点

- 适宜的保鲜温度为2-5℃；
- 宜选叶色鲜亮，无枯梢，身量较长的花材；
- 宜在浅水中贮存，保持一定的空气湿度；
- 去除基部褐变的部分；
- 及时去除叶尖干枯的部分；
- 远离热源，避免风吹。

花艺应用

- 极好的直线形素材，在现代花艺中常用作彰显设计感的主角；
- 有一定弹性，可负重，将小花、小果、珍珠等串于其上可形成一定优美弧线，成丛插制可形成喷泉的效果；
- 垂感极佳，宜做下垂设计，可获得线帘、瀑布的效果；
- 两头皆可插入花泥，常作拱桥造型，在作品中起到连接和过渡的作用；
- 易折，不宜作卷圈、编织等复杂造型；
- 叶棱略显锋利，操作时需加留意，以免划伤。

椰子（新叶）

市场名

剑叶/椰心叶

拉丁学名：*Cocos nucifera*

英文名：Coconut tree

花语花义：新生、崇高

瓶插期：14–21天

色彩范围

市场供应期（月份）

1	2	3
4	5	6
7	8	9
10	11	12

花材特点

- 极好的线条形素材，表面光滑，色泽清丽，适宜各种编织造型，可谓花艺创作中的“百变星君”。

保鲜要点

- 适宜的保鲜温度为12–15℃；
- 宜选叶片平整，叶色新鲜，叶面无病斑、枯焦、霉变的花材；
- 宜在浅水中贮存，保持良好的通风透气性；
- 先端幼嫩的部分极易干枯，可预先剪除；
- 远离热源，避免风吹；
- 及时去除已发生霉烂的部分。

花艺应用

- 作为柔韧的线条形素材，常在作品中进行穿插、连接等应用；
- 叶肋较硬，可以双向插入花泥，常用于拱桥造型；
- 为了增加叶片宽度或体量感，可将两面贴合的叶片沿叶肋向两侧展后来应用；
- 可通过卷圈、按摩的手法将叶片软化，进行拿弯或做卷等设计；
- 现代花艺中常用其进行各种编织的探索，以获得意想不到的造型效果；
- 叶基部较宽阔，插制时应将叶肋两侧柔软的部分去除，仅留硬度适中的部分，并截成尖头方宜插入花泥。

银叶菊

市场名　银叶菊

拉丁学名：*Jacobaea maritima*
英文名：Dusty miller
花语花义：收获
瓶插期：5–7天

色彩范围

市场供应期（月份）

花材特点

- 羽状分裂的卵形叶套上了厚厚的白绒袍，好像大鸟的羽毛，它们团团围坐在一起，不知是为了取暖，还是守着什么秘密不想被人发现？

保鲜要点

- 适宜的保鲜温度为2-5℃；
- 宜选叶丛丰满，叶片平整挺实、无病斑、褐变、萎蔫的花材；
- 宜在浅水中贮存，保持良好的通风透气性；
- 去除下部不良叶片，勿令叶片沾到水；
- 远离热源，避免风吹；
- 水养时勿紧拥密置，以免霉烂。

花艺应用

- 宜整株插制，能够保持其较好的丛生造型；
- 株型较矮，适宜在大型插花花艺设计中作下部空间的处理或修饰边缘地带；
- 色彩跳跃，有向前的趋势，适宜用作前景，以扩大景深范围；
- 质感粗糙、温暖，适宜友人间相送的礼仪插花，以传递呵护、关照、体贴之情；
- 对于表达冬日主题的插花花艺创作也是不错的选择；
- 单叶分解可用于铺陈式设计，适合多种表面装饰。

鱼尾葵

市场名　鱼尾叶

拉丁学名：*Caryota ochlandra*
英 文 名：Fishtail palm
花语花义：愉快
瓶 插 期：7–10天

花材特点

- 元老级配材，市场供应量大，价格低廉，叶片形似鱼尾，在叶轴上左右对称地排列整齐，适宜礼仪插花。

花艺应用

- 叶片较大，叶形优美，有飘动感，适宜插作大中型插花花艺作品的衬景；
- 是插制庆典花篮的常见配材；
- 宜分段剪取叶轴进行应用，作小花型的填充素材；
- 两边分叉的小羽片宜配置在团块形主花两边，以起到烘托陪衬的作用；
- 单叶分解可用于层叠式铺陈设计，可以获得鱼鳞状造型效果。

保鲜要点

- 适宜的保鲜温度为12-15℃；
- 宜选叶片平整，叶色润泽，叶面无伤痕、病斑、枯梢，叶柄有弹性的花材；
- 宜在浅水中贮存，保持一定的空气湿度；
- 为避免叶片脱水，可向其喷水以补充散失的水分；
- 远离热源，避免风吹。

色彩范围

市场供应期（月份）

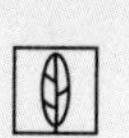

羽叶喜林芋

市场名
春羽／春芋

拉丁学名：*Philodendron bipinnatifidum*
英 文 名：Lacy tree philodendron
花语花义：友谊
瓶 插 期：12~21天

色彩范围

1	2	3
4	5	6
7	8	9
10	11	12

市场供应期（月份）

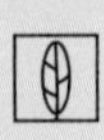

花材特点

- 叶片沿叶脉呈羽状开裂，边缘时有起伏，恍若风卷的波浪，又似张开的羽翼，颇具飞舞的动势。

花艺应用

- 礼仪插花、现代花艺的优质配材，常用于花束、花篮的插制；
- 宜做打底之用，能够很好地遮盖花泥和枝脚；
- 叶形美观，羽状叶裂生动活泼，在作品中可以提供多样性和趣味点；
- 叶片与叶柄间成一定夹角，可通过铁丝辅助支撑的技法调整夹角大小；
- 有将叶肉全部去除仅留叶脉的设计，仿佛龙骨状，富有奇趣。

保鲜要点

- 适宜的保鲜温度为12~15℃；
- 宜选叶色鲜亮，叶面无伤痕、病斑，叶柄粗壮挺直、切口未褐变的花材；
- 宜在浅水中贮存，保持一定的空气湿度；
- 用半湿毛巾擦拭叶面，可使叶片愈发光亮润泽；
- 宜于在温暖的环境贮存；
- 远离热源，避免风吹。

玉簪

市场名　玉簪叶

拉丁学名：*Hosta plantaginea*
英 文 名：Plantain lily
花语花义：宽和、恬静
瓶 插 期：5–7天

色彩范围

市场供应期（月份）

花材特点

- 地栽品种繁多，叶形叶色、叶片大小、叶柄长短都颇为多样，虽未完全开发成鲜切花素材，但市场潜力较大。

花艺应用

- 叶片整齐，弧脉清晰，叶柄较长，是中式插花的常用配材；
- 叶色偏浅，体量感不足，宜与轻质花材搭配；
- 宜用于夏季主题的插花花艺创作，可以给人带去些许清凉之感；
- 叶片与叶柄间成一定夹角，可通过铁丝辅助支撑的技法调整夹角大小；
- 叶片易脱水萎蔫，在花泥中不利吸水，因此更适合水养插花；
- 材质鲜脆，叶片易碰伤，叶柄易折，使用时应加以留意。

保鲜要点

- 适宜的保鲜温度为2–5℃；
- 宜选叶色鲜润，叶片无伤痕、病斑、焦边，叶柄挺直的花材；
- 宜在浅水中贮存，保持良好的通风透气性；
- 为避免叶片脱水，可向其喷水以补充散失的水分；
- 远离热源，避免风吹；
- 避免阳光直射，必要时须进行遮荫处理。

蜘蛛抱蛋

市场名 一叶兰

拉丁学名：*Aspidistra elatior*
英文名：Bar - room plant
花语花义：独一无二
瓶插期：14–30天

色彩范围

市场供应期（月份）

1	2	3
4	5	6
7	8	9
10	11	12

花材特点

- 长而坚实的叶柄竖起一面梭形的大旗，谁能想到一片叶子就是一棵植株呢，而这个如此单纯的个体竟以其超凡的优势成了花艺界的多面手。

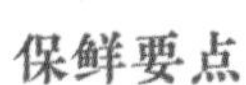

保鲜要点

- 适宜的保鲜温度为12–15℃；
- 宜选叶片平整柔韧，叶色饱和鲜亮，叶面无伤痕、病斑，叶柄挺直，基部未褐变的花材；
- 宜在浅水中贮存，保持良好的通风透气性；
- 用半湿毛巾擦拭叶面，可使叶片愈发光亮润泽；
- 远离热源，避免风吹；
- 可通过叶片增亮剂提升观赏效果。

花艺应用

- 个体较大，适宜插制大型插花花艺作品；
- 身姿挺拔，对于中式插花而言，适宜作直立式、倾斜式造型，在作品水平线上方构建层次；
- 革质叶片耐剪裁、易造型、时间久，可用于剪形、拉丝、卷圈、穿孔等多种技法的处理；
- 可分解叶片、叶柄单独使用，叶片可以整片用于铺陈、卷圈、围合等设计，叶柄可多个组合造型或用于编制小架构；
- 可将叶片裁剪成各种所需形状，进行重组、铺陈、层叠、串连等应用；
- 变化多姿的造型能力，使其成为百搭配材，广泛用于各种风格和形式的插花花艺创作。

乌叶鸢尾

市场名
青龙叶/龙纹兰

拉丁学名：*Dietes grandiflora*
英 文 名：Large wild iris
花语花义：矜持、执着
瓶 插 期：7–10天

色彩范围

市场供应期（月份）

花材特点

- 扁平的叶丛，扁平的叶片，厚实而坚挺，貌似拘谨，实则立场坚定，渐尖的叶锋又好似亮剑利刃，有着卫兵般的从容，令人肃然起敬。

花艺应用

- 亭亭玉立，姿态优美，适宜表现水湿生境，常直立插于浅盘中水养；
- 单片分解使用可倾斜插制，表现飘逸的线条感，既适宜自然风格的现代花艺设计，也适宜注重线条美的中式插花；
- 叶片易造型，可通过按摩的方式进行弯曲，改变其走势，增强动感；
- 叶丛开展具平面性，插制时应注意调整角度，以免平板单调，缺少生趣；
- 使用花泥固定时，须将叶片基部修剪成尖角，以利插入；
- 叶片易折，使用时应加以留意。

保鲜要点

- 适宜的保鲜温度为12–15℃；
- 宜选叶片平整挺实，叶面无伤痕、枯梢，基部洁白的花材；
- 宜在浅水中贮存，保持一定的空气湿度；
- 为避免叶片脱水，可向其喷水以补充散失的水分；
- 用半湿毛巾擦拭叶面，可使叶片愈发光亮润泽。

— 枝材 —

即不以花果为主要观赏点的植物茎枝类鲜切花素材，其观赏特性集中表现在茎枝及其叶芽等附属结构的整体外观效果上，如以皮色见长的红瑞木，以姿态见长的龙爪柳，以叶序见长的阔叶武竹，以芽苞见长的银芽柳等。枝材的质地往往决定了它们在插花花艺作品中的应用，柔韧的可作垂挂、缠绕或盘卷之用，硬挺的可作背景、骨架或填充之用。

花材特点

- 扁平的鳞叶在主枝上层片状着生，给人整齐一致的静谧感，清爽的气味引发人们对森林的向往。

花艺应用

- 对于粗壮的主枝，宜用月牙形的枝剪进行截取；
- 常绿、持久的特质，加之松柏类的庄重意象，使其常用于丧礼等祭奠性场合的花艺布置；
- 清爽的叶色、优雅的叶形，使之对于中式插花的意境营造也可起到良好的助力；
- 枝叶过密，体量较重，插制前宜对枝叶进行适当疏剪后再使用，以便稳定重心；
- 插制时为使其稳固，还可对其基部进行“十”字剪切，使之形成多脚的效果，以利站稳。

保鲜要点

- 适宜的保鲜温度为2-5℃；
- 宜选枝叶繁茂，叶色鲜亮，叶片整齐度好、无枯叶，枝条挺实而不干硬的花材；
- 宜在浅水中贮存，保持一定的空气湿度，避免风吹；
- 为避免鳞叶脱水，可向叶片喷水以补充散失的水分；
- 可直接在阴凉处风干成干花使用。

侧柏

市场名　侧柏

拉丁学名：*Platycladus orientalis*
英 文 名：Oriental arborvitae
花语花义：坚毅、友谊长存
瓶 插 期：14－28天

色彩范围

市场供应期（月份）

爱之蔓

市场名
爱之蔓/心蔓

拉丁学名：*Ceropegia woodii*
英文名：Chain of hearts
花语花义：心心相印、爱无止境
瓶插期：14–21天

色彩范围

市场供应期（月份）

花材特点

- 可爱的多肉植物，心形小叶被紫红色的枝蔓两两串在一处，仿佛一根红线将谁和谁的两颗心结成双，长长久久，生死契阔。

保鲜要点

- 适宜的保鲜温度为22-25℃；
- 宜选叶片分布均匀、无掉落，叶面无伤痕，叶柄挺直，枝蔓较长的花材；
- 宜于在温暖的环境贮存；
- 勿将植株浸泡于水中，喷水保湿即可；
- 忌冷凉，避免风吹。

花艺应用

- 难得的造型，直观的意象，使其成为婚恋主题插花花艺的不二之选，常用于新娘手花和头花的装饰；
- 无论悬挂还是覆盖，都能表现出极佳的造型效果；
- 色彩搭配时宜与背景色形成一定的反差，否则含混不清就会有损表现力和装饰性；
- 枝蔓一旦缠绞成团，则很难取用，因此使用前应将枝叶整理好，一串一串平行摆放；
- 柔软的茎蔓不宜深入花泥进行固定，通常需用铁丝等绑缚后再进行插制；
- 小心叶容易碰落，使用时应轻拿轻放。

冬青卫矛

市场名 黄杨叶

拉丁学名：*Euonymus japonicus*

英 文 名：Evergreen spindle

花语花义：毅力

瓶 插 期：10–14天

色彩范围

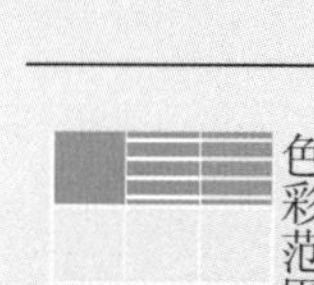

市场供应期（月份）

1	2	3
4	5	6
7	8	9
10	11	12

花材特点

- 平整的椭圆形革质叶片，边缘微有钝齿，既有纯绿色叶，也有带白色或黄色纹理的花色叶，对生在绿色小枝的两侧，整齐有序，很是绅士。

花艺应用

- 宜作花束、花篮等礼仪插花的背景素材；
- 枝条有弹性，宜弯曲，可用来制作花环骨架或两端插入花泥的拱形设计；
- 枝条较直，进行中国传统插花创作时须对其进行按摩拿弯处理；
- 叶片革质有光泽，可用于粘贴、重叠、层叠、串连等造型；
- 单片叶经铁丝辅助支撑可用作胸花、头花等服饰花的制作。

保鲜要点

- 适宜的保鲜温度为2-5℃；
- 宜选叶片平整，叶色鲜亮、有光泽，无黄叶或落叶，枝条挺直、有弹性的花材；
- 宜在浅水中贮存，保持良好的透气性；
- 去除下部叶片，勿令叶片沾到水；
- 水养时枝叶间应保持一定空隙，勿紧拥密置。

翡翠珠

市场名
绿铃/情人泪

拉丁学名：*Senecio rowleyanusi*
英 文 名：String-of-pearls
花语花义：纯洁、盼望、灵活
瓶 插 期：10－15天

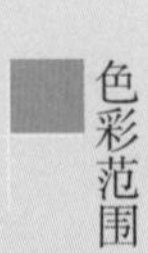

色彩范围

市场供应期（月份）

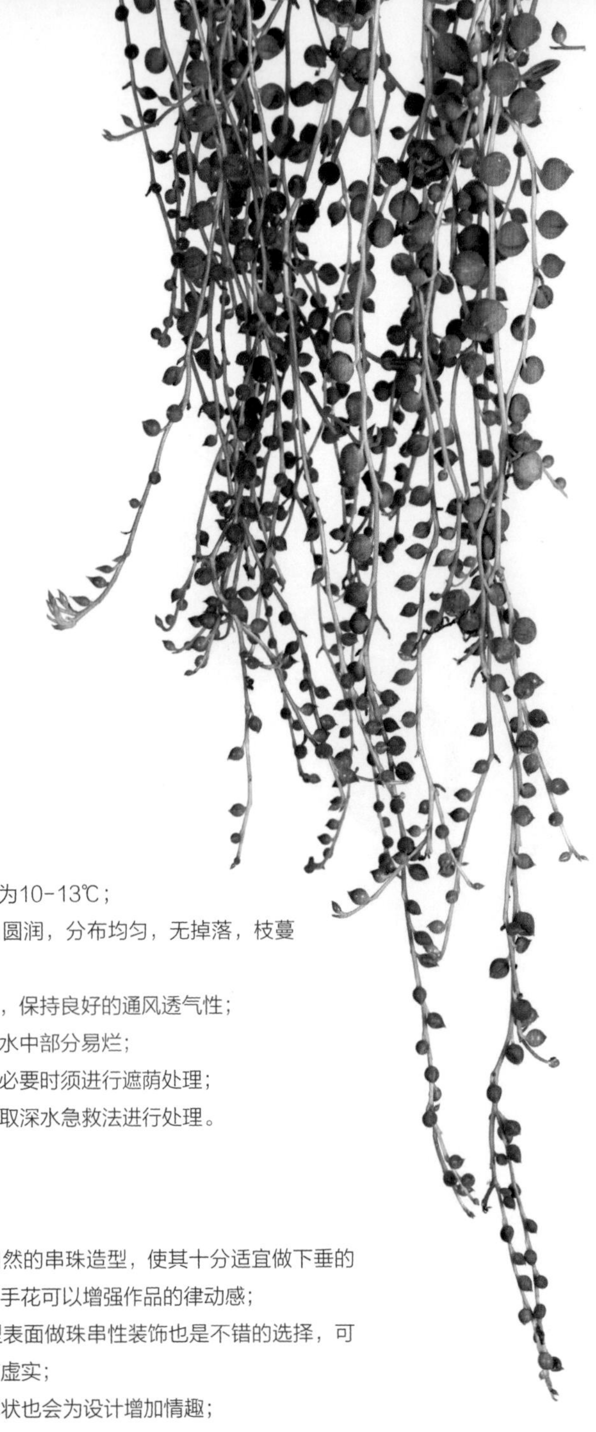

花材特点

- 一种蔓生的多肉植物，变态的叶子鼓成了球状，仿佛一粒粒绿色的珍珠，被细柔的茎蔓串起，长长地垂下，让人联想到情人相思无尽的泪花。

保鲜要点

- 适宜的保鲜温度为10－13℃；
- 宜选叶铃饱满、圆润，分布均匀，无掉落，枝蔓有韧性的花材；
- 宜在浅水中贮存，保持良好的通风透气性；
- 宜勤换水，否则水中部分易烂；
- 避免阳光直射，必要时须进行遮荫处理；
- 一旦脱水，可采取深水急救法进行处理。

花艺应用

- 柔软的线条，自然的串珠造型，使其十分适宜做下垂的素材，修饰新娘手花可以增强作品的律动感；
- 覆在密满的花型表面做珠串性装饰也是不错的选择，可丰富层次，调节虚实；
- 多串组合成帘幕状也会为设计增加情趣；
- 多汁的茎蔓不宜深入花泥进行固定，通常需用铁丝等绑缚后再进行插制；
- 小叶铃容易碰落，使用时应轻拿轻放；
- 小叶铃有毒，须避免儿童误食。

富贵竹

市场名
水竹/开运竹/转运竹

拉丁学名：*Dracaena sanderiana*
英 文 名：Lucky bamboo
花语花义：富贵、平安、幸运
瓶 插 期：>14天

色彩范围

市场供应期（月份）

1	2	3
4	5	6
7	8	9
10	11	12

花材特点

- 来自雨林常见的观叶素材，生就水润通透，茎秆青翠，叶痕若节，叶片似竹，清秀飘逸，谦谦怡和，宜造型，又宜水养，观赏期持久，堪为优质配材。

保鲜要点

- 适宜的保鲜温度为12-15℃；
- 宜选叶色鲜艳有光泽，叶面无折痕、病斑，无枯叶，茎秆挺直、无弯曲的花材；
- 宜在浅水中贮存，保持一定的空气湿度，避免风吹；
- 须放置于温暖的环境中，但要远离热源；
- 水养易生根，可补充适量营养液，以促发新叶；
- 及时去除茎秆基部褐变的部分，以及受伤或干枯的叶片。

花艺应用

- 株高中等，茎秆直立，宜在中、小型插花花艺作品中作背景或挑高元素；
- 宜用作螺旋式花束的骨架，可便于主花分布与插制，起到良好的划分空间与饱满花型的作用；
- 叶片狭长，常作卷圈造型，可以获得新颖的造型效果；
- 叶柄较短且软，不利于支撑，不宜单叶剪取插制；
- 单纯的叶片（去除叶柄）也常用于铺陈、卷圈、重叠、层叠等设计，或进行胸花、腕花等服饰花制作；
- 有茎秆先端螺旋上升的人为株型，造型优美、寓意吉祥，尤其适宜春节、端午节、中秋节等中国传统节日应用，其上还可悬挂节日应景饰品，十分讨喜。

海桐

市场名
海桐/七里香

拉丁学名：*Pittosporum tobira*
英文名：Pittosporum
花语花义：热情
瓶插期：7–10天

色彩范围

市场供应期（月份）

花材特点

- 光亮的叶子呈长水滴形，边缘微微向下卷合，在枝顶聚生成花状，颇为讨喜，是配材中的多面手。

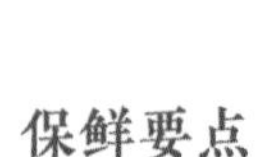

保鲜要点

- 适宜的保鲜温度为2–5℃；
- 宜选姿态优美，叶色鲜润，叶面光滑、无损伤，枝条挺实、不干硬的花材；
- 宜在浅水中贮存，保持一定的空气湿度；
- 为保证枝条充分吸水，可将枝条基部做“十”字剪口处理；
- 远离热源，避免风吹。

花艺应用

- 对于粗壮的主枝，宜用月牙形的枝剪进行截取；
- 整枝可用作中国传统插花或现代自由式花艺创作的骨架枝，以表现木本线条的姿态美；
- 分解小枝可用作礼仪插花的铺底，既能有效地遮盖花泥，又能体现丰富的层次感；
- 也常作架构花束的基础骨架，界定花型，陪衬主花；
- 叶片革质有光泽，可用于粘贴、重叠、层叠、串连等造型；
- 单片叶还可用于精巧首饰花的制作。

红花檵木

市场名　红檵木

拉丁学名：*Loropetalum chinense*
英 文 名：Chinese fringe flower
花语花义：浓情蜜意
瓶 插 期：5–7天

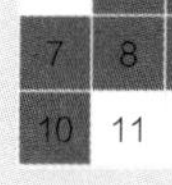

花材特点

- 暗红色的叶子小巧而精致，承载了一份不寻常的心事，在更迭的四季中静静地流淌。

花艺应用

- 新型的彩叶素材对表现时代感和多样性都大有助益；
- 体量感较轻，适宜陪衬月季、菊花等中小体量的主花；
- 红叶具有秋季的意象，适宜表现秋日景象和主题的插花花艺作品；
- 分枝较多，但姿态较平直，用于中国传统插花创作时须先进行修剪处理；
- 叶片可用于粘贴铺陈的设计，提供色彩和质感的变化；
- 单片叶还可用于精巧首饰花的制作。

保鲜要点

- 适宜的保鲜温度为2–5℃；
- 宜选叶片分布均匀，叶色纯正，叶面无损伤，枝条挺直、不干硬的花材；
- 宜在浅水中贮存，保持一定的空气湿度；
- 去除下部叶片，勿令叶片沾到水；
- 远离热源，避免风吹；
- 不宜于暗处贮存。

红瑞木

市场名　红瑞木

拉丁学名：*Cornus alba*
英 文 名：Dogwood
花语花义：信仰、勤勉、洗练
瓶 插 期：7–10天

色彩范围

市场供应期（月份）

1	2	3
4	5	6
7	8	9
10	11	12

花材特点

- 红艳的枝条，灰白的皮孔，一节一节对开的分枝，仿佛红珊瑚一样地丛生在雪地里，为冬季的大地带去一抹澎湃的激情。

保鲜要点

- 适宜的保鲜温度为2–5℃；
- 宜选枝条鲜红、有弹性，枝梢未变褐的花材；
- 宜在浅水中贮存；
- 保持一定的空气湿度，避免风吹，否则小枝易干枯；
- 已干枯的部分应及时去除。

花艺应用

- 有着强烈冬日季相的红瑞木十分适宜表现秋冬冷凉季节的景致，是秋冬主题插花作品的上选素材；
- 艳丽的色彩使其能够很好地营造喜庆吉祥的气氛，因此是节日庆典的常见素材；
- 本身突出的观赏特性在被用来制作架构时，可以很好地展现架构的框架效果，既有骨干支撑作用，又有良好的美感呈现，可谓一举多得；
- 枝条硬度适中，便于剪截，宜做分解重组应用，分解的小枝段可以用来编织或串连；
- 在中式插花中红瑞木也有不错的表现，插制时可采取按摩法适当地调整枝条走势，以获得理想的动感。

花叶蔓长春花

市场名　锦蔓长春

拉丁学名：*Vinca major* 'Variegata'

英　文　名：Vinca major

花语花义：恒久

瓶　插　期：7–10天

色彩范围

市场供应期（月份）

花材特点

- 倒卵形的叶子在细长的枝蔓上两两对生，翠绿的底色镶了些许乳白的花边，好像串起的蝴蝶结，又好似记牢的同心锁，在岁月中编织着永恒。

保鲜要点

- 适宜的保鲜温度为2-5℃；
- 宜选叶片排列整齐，叶色鲜亮，叶面无损伤，无黄叶、烂叶，枝蔓较长且柔韧的花材；
- 使用前不宜打开包装，以免脱水；
- 勿将植株浸泡于水中，喷水保湿即可；
- 远离热源，避免风吹。

花艺应用

- 藤蔓柔软，垂感好，适宜做下垂或悬挂式设计；
- 在新娘手花中用几条长短不一的藤蔓延伸下来，轻柔飘逸更能衬托出新娘的温婉气质；
- 在现代架构花艺中可用来装饰架构骨架；
- 柔韧性好，是制作花环、花索或腕花的理想素材；
- 柔软的茎蔓不宜深入花泥进行固定，通常需用铁丝等绑缚后再进行插制；
- 剪切时切口会有白色乳汁溢出，易碰触肌肤，操作后要注意洗手。

花叶青木

市场名　洒金珊瑚

拉丁学名：*Aucuba japonica* 'Variegata'
英 文 名：Gold dust plant
花语花义：转角的灿烂
瓶 插 期：5–7天

色彩范围

市场供应期（月份）

1	2	3
4	5	6
7	8	9
10	11	12

花材特点

- 长卵圆形的叶片光洁平整，叶缘前半部有清晰的锯齿，叶色以翠绿为基调，上面洒满了黄色的斑点，好似银河中璀璨的星辰。

保鲜要点

- 适宜的保鲜温度为2–5℃；
- 宜选叶片平整，叶色鲜亮、有光泽，叶面无损伤，枝条挺直、有弹性的花材；
- 宜在浅水中贮存，保持一定的空气湿度；
- 去除下部叶片，勿令叶片沾到水；
- 为避免叶片脱水，可向其喷水以补充散失的水分；
- 远离热源，避免风吹。

花艺应用

- 斑斓的叶色在较暗的背景中可以起到丰富层次，提升亮度的作用；
- 常配以色彩相对单纯的主花，以活跃气氛；
- 叶片较大，适宜陪衬八仙花、鹤望兰、红掌等大型花材，与小型花材配易喧宾夺主；
- 叶片革质有光泽，可用于粘贴、重叠、层叠、串连等造型；
- 单片叶经铁丝辅助支撑可进行重组造型，制作“叶子花”。

鸡爪槭

市场名　枫叶

拉丁学名：*Acer palmatum*
英 文 名：Palmate maple
花语花义：青春（绿）、热望（红）
瓶 插 期：3–5天

色彩范围

市场供应期（月份）

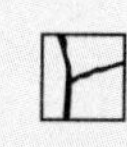

花材特点

- 典型的多角形叶片，当光线透过枝叶可以形成斑驳的影子，如能很好地利用这一特点则可以创造出独特的审美意境，增添审美层次。

花艺应用

- 叶形独特别致、活泼可爱，在现代自由式花艺设计中能够凸显个性；
- 绿叶具有春季的意象，红叶具有秋季的意象，适宜表现相应季节性主题的创作；
- 进行中国传统插花创作时须对其进行整枝修剪以获得理想的姿态；
- 创作时应考虑环境光源投射于作品的光影表现，宜清爽，忌凌乱，应适当疏剪叶片；
- 多将红色叶片压制成压花素材进行粘贴造型。

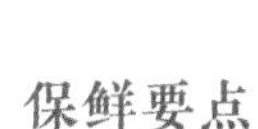

保鲜要点

- 适宜的保鲜温度为2–5℃；
- 宜选枝型优美、多分枝，叶片平整、无损伤或枯尖，叶色鲜亮，枝条挺实、不干硬的花材；
- 宜在浅水中贮存，保持良好的空气湿度；
- 去除下部叶片，勿令叶片沾到水；
- 定时喷水以免叶片脱水；
- 远离热源，避免风吹。

阔叶武竹

市场名 阔叶武竹

拉丁学名：*Asparagus asparagoides*
英 文 名：Bridal creeper
花语花义：飘逸
瓶 插 期：7–10天

色彩范围

市场供应期（月份）

1	2	3
4	5	6
7	8	9
10	11	12

花材特点

- 柔韧的枝蔓恍若不经意地挽起了一片片轻盈的羽叶，仿佛挽住了飞舞的绿云朵，是谁为谁精心裁制的绿腰带？

花艺应用

- 花材本身极易脱水的特质，使之适宜高湿地区或高湿季节的花艺设计，而对于干燥空间的花艺布置则不甚理想；
- 枝叶柔美、飘逸，是新娘花饰的优质配材，可衬托新娘的温婉、淑慧；
- 可单枝配以石斛兰的小花等轻质花材做成花串或花索，供人佩戴或装饰家居；
- 枝蔓柔软、颀长，易于盘卷、缠绕，可做环形设计；
- 一旦采用了盘卷或缠绕的造型，则很难再分解开来，操作前应慎重；
- 叶片容易损伤，使用时应多加小心。

保鲜要点

- 适宜的保鲜温度为2-5℃；
- 宜选枝叶繁茂，颜色鲜亮，无黄叶、落叶，且枝蔓较长的花材；
- 通常该类商品都进行了专门的保鲜包装，使用前不宜打开包装，以免脱水；
- 瓶插水养时须经常向其喷水，以保持较高的空气湿度；
- 远离热源，避免风吹；
- 一旦脱水，可采取深水急救法进行处理。

龙柏

市场名 龙柏

拉丁学名：*Sabina chinensis* 'Kaizuka'

英文名：Sabina chinensis

花语花义：名誉

瓶插期：14–28天

色彩范围

市场供应期（月份）

1	2	3
4	5	6
7	8	9
10	11	12

花材特点

- 下部较宽，先端渐细，姿态虬曲有动感，仿佛神龙摆尾，灵动中尽显阳刚之美。

保鲜要点

- 适宜的保鲜温度为2–5℃；
- 宜选枝叶繁茂，叶色鲜亮，无枯叶，枝型美观的花材；
- 宜在浅水中贮存，保持一定的空气湿度，避免风吹；
- 为避免鳞叶脱水，可向叶片喷水以补充散失的水分；
- 可直接在阴凉处风干成干花使用。

花艺应用

- 对于粗壮的主枝，宜用月牙形的枝剪进行截取；
- 常绿、持久的特质，加之松柏类的庄重意象，使其常用于丧礼等祭奠性场合的花艺布置；
- 枝势遒劲而有力量，个性十分鲜明，适宜中式插花的意境营造；
- 在大型空间花艺中可作为建构山体的素材进行应用；
- 枝叶过密，体量较重，插制前宜对枝叶进行适当疏剪后再使用，以便稳定重心；
- 插制时为使其稳固，还可对其基部进行“十”字剪切，使之形成多脚的效果，以利站稳。

龙爪柳

市场名
云龙柳/龙柳

拉丁学名：*Salix matsudana* 'Tortuosa'
英文名：Corkscrew willow
花语花义：好运
瓶插期：10—30天

色彩范围

市场供应期（月份）

1	2	3
4	5	6
7	8	9
10	11	12

花材特点

- 弯弯曲曲的枝条在没有叶片的遮挡下，尽显其曼妙舞姿，给人带来无限灵感，其柔韧的质感也为编织、卷圈等多种技法的应用提供了可能。

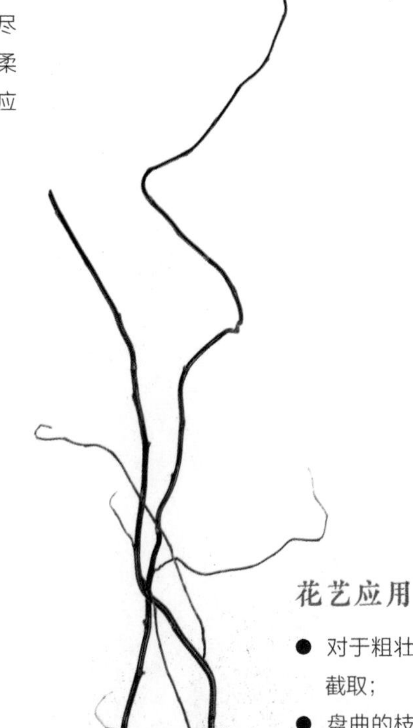

花艺应用

- 对于粗壮的主枝，宜用月牙形的枝剪进行截取；
- 盘曲的枝条向上蔓延，给人一种烟雾缭绕的感觉，经常在大型插花花艺作品中用作背景，过渡虚实；
- 新鲜的枝条具有极好的柔韧性，是制作花环的上好材料；
- 较为粗硬的部分还是制作架构的良材，也常用于辅助支撑；
- 对于追求线条美的中式插花，龙爪柳也会大有作为，但在应用前要对其小枝进行细致的修剪整形，避免失于凌乱；
- 由于它枝条粗壮，插制时为使其稳固，可对其基部进行“十”字剪切，使之形成多脚的效果，以利站稳。

保鲜要点

- 适宜的保鲜温度为2-5℃；
- 宜选枝条鲜绿、有弹性，枝梢未变褐的花材；
- 叶片易脱水，应全部去除，水养后有新发的叶子也应及时摘除；
- 保持一定的空气湿度，避免风吹，否则小枝易干枯；
- 可作为干燥花材，常喷以金、银、红、蓝等色以供所需。

迷迭香

市场名　迷迭香

拉丁学名：*Rosmarinus officinalis*
英 文 名：Rosemary
花语花义：回忆
瓶 插 期：7–14天

色彩范围

市场供应期（月份）

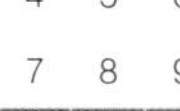

1	2	3
4	5	6
7	8	9
10	11	12

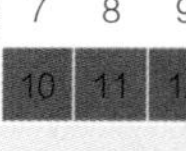

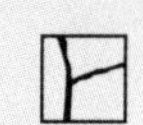

花材特点

- 叶片线形仿佛毛线头，成丛着生，向外反卷，密集于枝条上，把枝条装扮成了绒毛条，令人忍不住伸手摸一摸，便有了芬芳的收获。

保鲜要点

- 适宜的保鲜温度为2–5℃；
- 宜选姿态优美，叶片新鲜，无黄叶、落叶，枝条柔韧有弹性的花材；
- 宜在浅水中贮存，保持一定的空气湿度；
- 去除下部叶片，勿令叶片沾到水；
- 宜使用保鲜剂；
- 远离热源，避免风吹。

花艺应用

- 独特的质感和色彩，使之在作品中能够充当理想的配角；
- 在鲜花礼盒中可以用它来制造柔软的底衬，烘托温馨浪漫的情调；
- 灰色具有时尚感和现代派，十分适宜现代花艺的个性化设计；
- 弯曲的枝条宜用来制作花环的骨架；
- 宜搭配时令水果和蔬菜进行果蔬插花创作。

米仔兰

市场名
米兰／树兰

拉丁学名：*Aglaia odorata*
英 文 名：Chu-lan tree
花语花义：崇高
瓶 插 期：14-28天

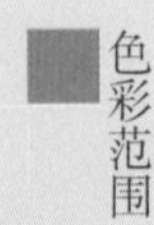

色彩范围

1	2	3
4	5	6
7	8	9
10	11	12

市场供应期（月份）

花材特点

- 藏在叶中的米粒小花总是不经意地让我们遇见芬芳的惊喜，光鲜亮泽的小羽叶更是随时满足着我们花团锦簇的审美希冀。

花艺应用

- 对于粗壮的主枝，宜用月牙形的枝剪进行截取；
- 枝条较短、叶丛紧密，宜用作作品下部空间的填充素材，有利于遮盖花泥；
- 宜分别截取小枝进行插制，陪衬主花；
- 宜分段短截小枝，以短簇的叶丛形式进行铺陈或组群造型；
- 叶片过小，但也可单独取用进行精细的铺陈或层叠等设计；
- 整枝插制时为使其稳固，可对其基部进行“十”字剪切，使之形成多脚的效果，以利站稳。

保鲜要点

- 适宜的保鲜温度为2-5℃；
- 宜选枝叶茂密，叶片翠绿、光洁，无病斑、黄叶，枝条柔韧有弹性的花材；
- 宜在浅水中贮存，保持较高的空气湿度，避免风吹；
- 为避免叶片脱水，可向枝叶喷水以补充散失的水分；
- 为保证枝条充分吸水，可对枝条基部进行锤击或“十”字剪口处理；
- 及时摘除开败的花序。

木百合（晚霞）

市场名 木百合

拉丁学名：*Leucadendron* ×'Safari Sunset'

英文名：Safari sunset

花语花义：胜利、圆满

瓶插期：14–28天

色彩范围

市场供应期（月份）

1	2	3
4	5	6
7	8	9
10	11	12

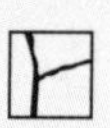

花材特点

- 酒红色细长的条形叶厚实而坚挺，于弧形的枝条上盘旋上升，在先端绽放成昙花状，仿佛鸾凤之尾，高贵典雅，又灵异跃动，令人惊艳。

保鲜要点

- 适宜的保鲜温度为5-8℃；
- 宜选切枝较长，分枝较多，叶片分布均匀，叶色饱和度好，枝条有弹性的花材；
- 宜在浅水中贮存，避免风吹；
- 去除下部叶片，勿令叶片沾到水；
- 保持气温凉爽，须远离热源，避免阳光直射，否则叶片会变黑。

花艺应用

- 浓郁的异域风情，使其成为现代花艺追求时尚、提升品位、体现创新的佳选，常用于较为高档的空间花艺设计和个性化的主题婚礼花艺；
- 逶迤的姿态，梦幻的色彩，与生俱来的神秘色彩令其在古典风格和前卫设计的创作中都能发挥出重要作用；
- 宜分解小枝单独插制，利用其优美的线条，扩展空间，调节虚实，营造特殊效果；
- 条形叶片造型优美，且不易脱水，十分适宜分解重组的创作，可获得团块花的造型；
- 枝条伸展具有一定的方向性，使用时应先确定其自然的正反朝向，将其正面朝向观众；
- 整枝使用时应注意把握重心，必要时须进行辅助支撑，以稳定造型。

木贼

市场名
节节草/锉草

拉丁学名：*Equisetum hyemale*
英 文 名：Horsetail
花语花义：心无杂念
瓶 插 期：7-14天

色彩范围

市场供应期（月份）

1	2	3
4	5	6
7	8	9
10	11	12

花材特点

- 还不到小指粗细的身段，逐节执着地向上伸展，不偏不倚，仿佛一根根天线好奇地探寻着外太空的消息。

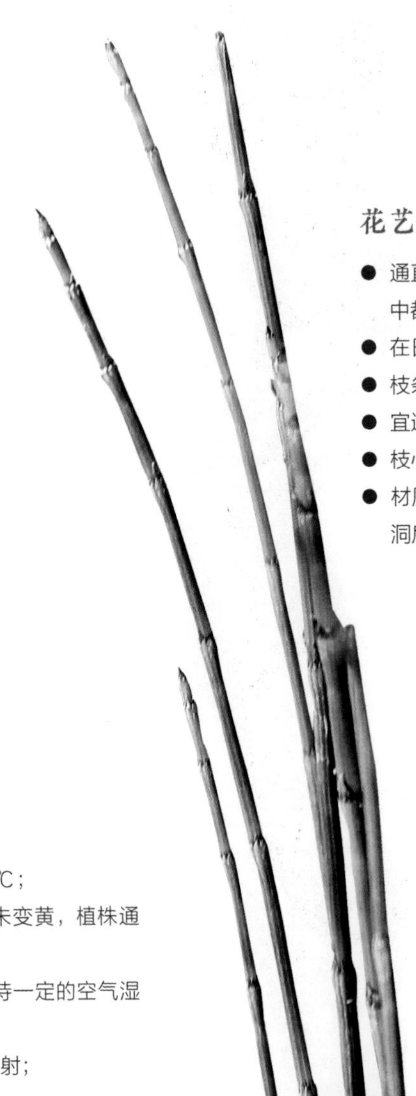

花艺应用

- 通直而具环形花纹的线形材料，在东西方插花和现代花艺中都具有不错的表现；
- 在日式插花中常见于禅意主题和茶席插花的创作；
- 枝条有弹性，宜折曲，常作两端插入花泥的框架造型；
- 宜进行铺陈、捆绑、编织等多种现代花艺技法的应用；
- 枝心中空有腔，宜穿入铁丝进行各种姿态的辅助造型；
- 材质较脆，用花泥固定时，宜先用竹签等在花泥上扎出孔洞后，再将木贼插入。

保鲜要点

- 适宜的保鲜温度为2-5℃；
- 宜选颜色浓绿鲜润、未变黄，植株通直，无枯梢的花材；
- 宜在浅水中贮存，保持一定的空气湿度，避免风吹；
- 远离热源，避免阳光直射；
- 及时去除变黄的部分。

南天竹

市场名

天竹/小南天

拉丁学名：*Nandina domestica*

英文名：Heavenly bamboo

花语花义：长寿、好兆头、爱意日笃

瓶插期：8–10天

色彩范围

1	2	3
4	5	6
7	8	9
10	11	12

市场供应期（月份）

花材特点

- 叶、花、果均可观的南天竹生来一副竹茎羽叶、宁静悠然的好姿态，堪称鲜切花中的全才。

花艺应用

- 开张的枝片、舒展的小叶令南天竹呈现出小灌木的意象，十分适宜用来插制自然风格的插花花艺作品；
- 在大中型作品中宜整枝应用，高低错落三两枝便可获得丛林效果；
- 在小型作品中宜将叶、花、果分别剪取下来，单独使用；
- 对于追求自然美和意境美的中式插花，南天竹可成为君子竹的代言人，在写景式或写意式插花作品中体现竹的风范；
- 由于其枝片较大、果序较重，在插制时要注意把握均衡，可通过疏剪叶片来调整重心，并通过对枝条基部进行“十”字剪切，形成多脚支撑。

保鲜要点

- 适宜的保鲜温度为2–5℃；
- 宜选枝叶茂密，叶片平整，无落叶、皱叶，枝条强健的花材；
- 宜在浅水中贮存，存放处应保持良好的透气性；
- 保持一定的空气湿度，避免风吹，否则叶片易干枯；
- 为保证枝条充分吸水，可将枝条基部做“十”字剪口处理；
- 带果的枝条应注意果实容易掉落，养护时应避免触碰果实。

蓬莱松

市场名
寿松/绣球松

拉丁学名：*Asparagus myriocladus*
英文名：Asparagus myriocladus
花语花义：长寿
瓶插期：10–14天

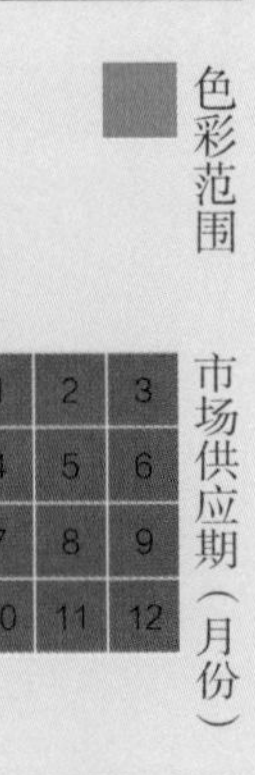

色彩范围

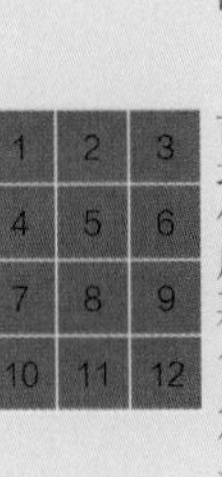

市场供应期（月份）

1	2	3
4	5	6
7	8	9
10	11	12

花材特点

- 常绿的针形小叶簇生成球，在细而坚硬的枝条上着生成宝塔状，酷似五针松，是极好的插花配材。

花艺应用

- 小叶团簇翠绿，分枝整齐有型，是极好的散形枝材，适宜做打底铺地之用，能够很好地覆盖花泥，衬托主花；
- 常绿的特质、松柏的外貌、吉祥的寓意，使其常常用于献给长辈的礼仪插花制作；
- 小叶易落，不宜用于插制服饰花或进行餐桌花艺布置；
- 极易脱水而丧失观赏性，不宜用于脱水状态的花环编制；
- 茎枝过细，枝叶轻盈，因此适合用花泥固定，若用剑山插制则需要辅助支撑；
- 枝上有硬刺，使用时应多加小心，以免受伤。

保鲜要点

- 适宜的保鲜温度为2-5℃；
- 宜选枝叶茂密，小叶鲜绿、无枯黄，无裸枝的花材；
- 宜在浅水中贮存，保持较高的空气湿度，避免风吹；
- 可向叶片喷水以补充散失的水分；
- 避免阳光直射，必要时须进行遮荫处理。

千层金

市场名 千层金

拉丁学名：*Melaleuca bracteata*
英 文 名：Melaleuca bracteata
花语花义：与众不同
瓶 插 期：5-10天

色彩范围

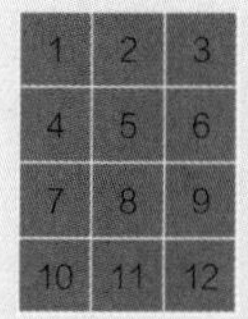

市场供应期（月份）

花材特点

- 新型彩叶素材，叶片短小纤细、有芳香，叶色由枝条基部到先端逐渐从绿色过渡到黄色，温度越高，黄色越浅，园林中应用时亦有“黄金宝树”之称。

保鲜要点

- 适宜的保鲜温度为8-12℃；
- 宜选分枝较多、姿态优美，叶色鲜亮，层次感清晰，枝条挺直、不干硬的花材；
- 宜在浅水中贮存，保持一定的空气湿度；
- 去除下部叶片，勿令叶片沾到水；
- 为避免叶片脱水，可向其喷水以补充散失的水分。

花艺应用

- 灰白色主枝宜用枝剪进行截取；
- 色彩渐变的效果极易创造空间层次感，是各类插花花艺的优质配材；
- 仿佛由绿转黄的变化符合秋季的季相感，对于表现夏秋之交的主题十分在行；
- 用剑山固定主枝时，宜将基部作“一”或“十”字型剖剪后插制；
- 小枝柔软易造型，可用来制作花环骨架；
- 枝梢有弯曲，插制时应注意方向性，避免杂乱、不精神。

日本柳杉

市场名　天竺少女

拉丁学名：*Cryptomeria japonica*
英 文 名：Japanese sugi pine
花语花义：淑女、光芒四射
瓶 插 期：14–21天

色彩范围

市场供应期（月份）

1	2	3
4	5	6
7	8	9
10	11	12

花材特点

- 黄色或绿色螺旋状整齐排列的小枝叶，端庄而又不失亲切，先端微微下垂的姿态，更加体现了低调而又不失高贵的风度。

花艺应用

- 对于粗壮的主枝，宜用月牙形的枝剪进行截取；
- 绿叶品种可用于丧礼等祭奠性场合的花艺布置；
- 黄叶品种可用于各类求新求变的现代花艺设计，以体现时尚感、高级感；
- 宜分解小枝进行应用，在作品中用来陪衬主花，形成背景或底色；
- 小枝下垂、偏重，整枝应用时应注意把握重心；
- 枝条表皮粗糙，使用时需留心，以免损伤皮肤。

保鲜要点

- 适宜的保鲜温度为2–5℃；
- 宜选枝叶繁茂，叶色饱和、不灰暗、无褐变，枝型美观的花材；
- 宜在浅水中贮存，保持一定的空气湿度，避免风吹；
- 为避免小叶脱水，可向叶片喷水以补充散失的水分；
- 可直接在阴凉处风干成干花使用。

山茶

市场名　山茶枝

拉丁学名：*Camellia japonica*
英 文 名：Camellia
花语花义：谦逊、美德
瓶 插 期：14-28天

色彩范围

市场供应期（月份）

1	2	3
4	5	6
7	8	9
10	11	12

花材特点

- 虽是重要的观花植物，但其油亮深绿、保鲜性好的叶片使其在插花花艺创作中又成为了良好的枝叶类素材，在形色之外还可提供质感的对比。

花艺应用

- 山茶枝繁叶茂，叶面光滑亮泽，在大型插花花艺作品中常用作背景或打底花材，可获得灌丛效果，很好地陪衬主花；
- 美好的寓意，可塑的姿态，使其在中式插花作品中成为常见花材，无论有无花朵，它的枝条通过修剪都能展现东方韵致；
- 在现代花艺的设计中，它的叶片还可单独摘取下来，进行重叠、层叠、铺陈等重组造型；
- 山茶的叶片革质化程度很高，不易脱水变形，因此十分适宜制作胸花、小花束、新娘手花等不便进行花材保鲜的礼仪插花；
- 山茶的叶片虽具有良好的观赏和保鲜特性，但其叶缘具有细锯齿，使用时需加留意，以免划伤皮肤。

保鲜要点

- 适宜的保鲜温度为2-5℃；
- 宜选叶面光亮，无病斑、虫蚀，无落叶，枝条强健、有弹性的花材；
- 宜在浅水中贮存，保持一定的空气湿度，避免风吹；
- 用半湿毛巾擦拭叶面，可使叶片愈发光亮润泽；
- 为保证枝叶充分吸水，可将枝条基部做“十”字剪口处理；
- 带蕾的花枝若要正常开花须补充一定的营养液，若花蕾过小则不能正常开花。

假叶树 舌苞

市场名
叶上花/桔叶

拉丁学名：*Ruscus hypophyllum*
英 文 名：Spineless butcher's-broom
花语花义：品质、绅士
瓶 插 期：15~30天

花材特点

- 鲜切花市场的新秀，小枝扁平、卵形、浓绿，且纹理清晰，仿佛一片片常绿的小阔叶，花开其上便给人叶上开花的假相，堪称一绝，甚是珍奇。

保鲜要点

- 适宜的保鲜温度为2-5℃；
- 宜选枝“叶”碧绿、光洁，无黄“叶”、掉“叶”的花材；
- 宜在浅水中贮存，保持较高的空气湿度，避免风吹；
- 可向枝“叶”喷水以补充散失的水分；
- 避免阳光直射，必要时须进行遮荫处理。

花艺应用

- 笔挺的枝条、规整的外貌，使之具有绅士般的端庄气质，适宜各种礼仪场合的插花创作；
- 相对较短的枝条，使之更加适合制作小巧精致的手把花束；
- 喷上金色或银色的彩漆，便可以参与圣诞主题的花艺设计；
- 可分段短截小枝，配合小型花材，用于服饰花的制作；
- “叶片”革质柔韧，易造型，可单独取用作铺陈、层叠等设计；
- 特有的“叶”上着花的造型，生动有趣，是追求新奇别致的花艺创作之佳选。

石楠

市场名
石楠/红树叶

拉丁学名：*Photinia serrulata*
英 文 名：Photinia
花语花义：心想事成
瓶 插 期：7–10天

色彩范围

市场供应期（月份）

1	2	3
4	5	6
7	8	9
10	11	12

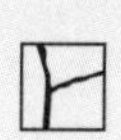

花材特点

- 在同一枝条上，先端叶片红艳喜人，后部叶片浓绿低调，多样的叶色与清晰的层次感，使之成为理想的插花配材。

花艺应用

- 粗枝宜用枝剪进行截取；
- 中等体量，适宜插制中小型插花作品，或构筑大型插花作品的下部空间；
- 鲜红的叶色具有秋天的季相感，宜用来表现秋日景色或主题；
- 用于中国传统插花创作时，须注意其叶面朝向和枝条走势；
- 叶片革质有光泽，可用于粘贴、重叠、层叠、串连等造型；
- 单片叶经铁丝辅助支撑可用作胸花、头花等服饰花的制作。

保鲜要点

- 适宜的保鲜温度为2-5℃；
- 宜选叶片平整，叶色鲜润，叶面无伤痕、病斑，无黄叶、落叶，枝条柔韧有弹性的花材；
- 宜在浅水中贮存，保持一定的空气湿度；
- 为避免叶片脱水，可向其喷水以补充散失的水分；
- 用半湿毛巾擦拭叶面，可使叶片愈发光亮润泽；
- 远离热源，避免风吹。

松萝凤梨

市场名 老人须

拉丁学名：*Tillandsia usneoides*
英 文 名：Spanish moss
花语花义：纯粹、等待
瓶 插 期：不限

色彩范围

市场供应期（月份）

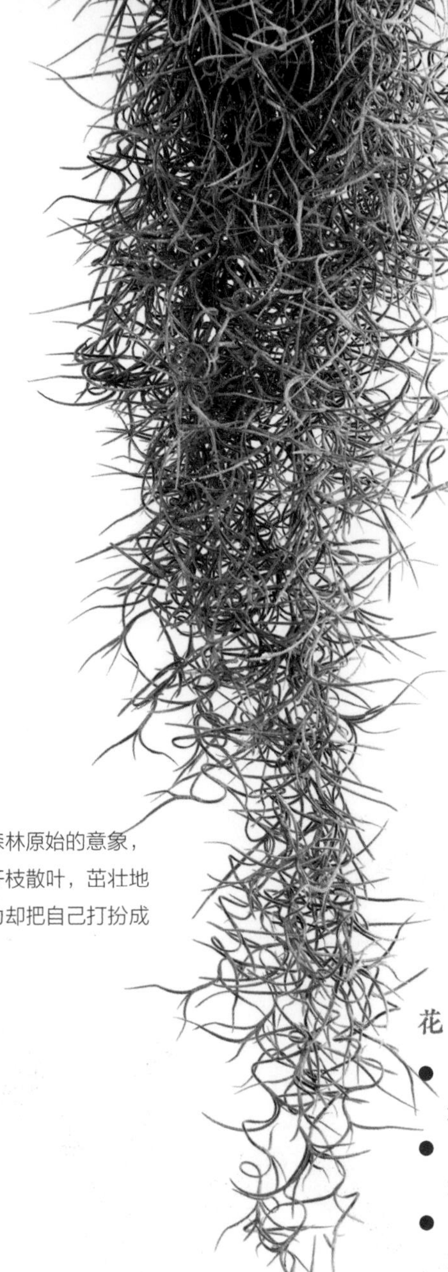

花材特点

- 悬挂生长的精灵，有着森林原始的意象，仅凭空气中的水分便能开枝散叶，茁壮地生长，如此顽强的生命力却把自己打扮成了银灰色的胡须状。

保鲜要点

- 适宜的保鲜温度为2-5℃；
- 宜选枝叶繁茂，颜色均一，枝蔓较长的花材；
- 经常向其喷水，保持一定的空气湿度；
- 忌将其长期浸泡在水中；
- 避免阳光直射，或凉风吹袭；
- 避免长期置于暗处。

花艺应用

- 自然下垂的姿态，是竖向设计的好素材，适宜用作插花花艺作品中的下垂造型；
- 柔软的质感、低调的色彩，天生就是作配角的好材料，适合搭配各类花材；
- 在礼盒花艺的设计中，可作为极好的铺底或填充材料，用以提升作品的品位；
- 在现代花艺中也常用其作铺陈布置，在遮盖花泥的同时，还可表现苔藓覆盖的大地；
- 需辅助铁丝进行固定；
- 松萝凤梨并非一次性花材，应尽量回收养护，避免损害生命。

天门冬

市场名 武竹

拉丁学名：*Asparagus cochinchinensis*
英 文 名：Radix Asparagi
花语花义：粗中有细
瓶 插 期：5–7天

色彩范围

市场供应期（月份）

1	2	3
4	5	6
7	8	9
10	11	12

花材特点

- 婚礼花艺中的传统配材，以其常绿的寓意和下垂的姿态而得到人们的青睐，但其隐藏的小刺和易落的小叶却会给人带来不必要的麻烦。

保鲜要点

- 适宜的保鲜温度为2–5℃；
- 宜选枝叶繁茂，颜色鲜亮，无黄叶、落叶，且枝蔓较长的花材；
- 去除枝蔓基部白色的部分以利吸水；
- 宜在浅水中贮存，保持较高的空气湿度，避免风吹；
- 为避免叶片脱水，可向枝叶喷水以补充散失的水分；
- 远离热源，避免阳光直射。

花艺应用

- 蓬松的下垂动感，使其十分适宜用作大型插花花艺作品中的下垂造型，在婚礼花艺布置中常被用来插制路引；
- 可分解小枝做打底铺地之用，能够很好地覆盖花泥，衬托主花；
- 整枝用于下垂插制时需注意花材本身的方向性和回弹力，必要时可用铁丝辅助造型或支撑；
- 小叶易落，不宜用于插制服饰花或进行餐桌花艺布置；
- 极易脱水而丧失观赏性，不宜用于脱水状态的花环编制；
- 枝上有硬刺，使用时应多加小心，以免受伤。

文竹

市场名 文竹

拉丁学名：*Asparagus setaceus*

英文名：Lace fern

花语花义：永恒、友谊、文质彬彬

瓶插期：5–7天

色彩范围

市场供应期（月份）

1	2	3
4	5	6
7	8	9
10	11	12

花材特点

- 茎秆纤细而挺直，枝片平展而舒放，亭亭而立可谓玉树临风，文质彬彬，好一番文人风骨、君子气象。

保鲜要点

- 适宜的保鲜温度为2–5℃；
- 宜选枝片繁茂，颜色鲜亮，无黄叶、落叶，枝茎柔韧、直立、无弯曲的花材；
- 去除枝茎基部白色的部分以利吸水；
- 宜在浅水中贮存，保持较高的空气湿度，避免风吹；
- 远离热源，避免阳光直射。

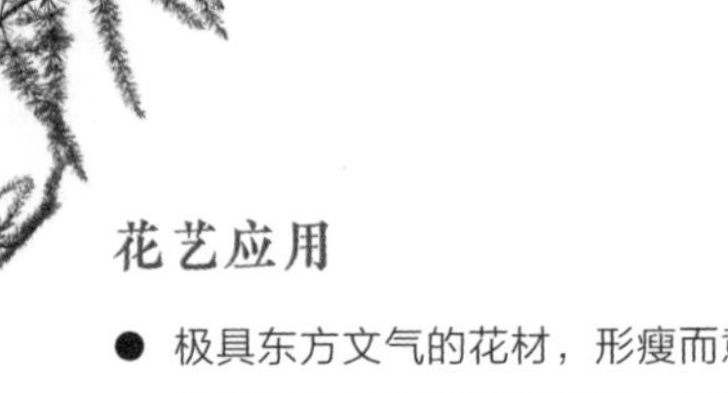

花艺应用

- 极具东方文气的花材，形瘦而意旷，十分适宜体量小巧的禅意插花与茶席插花；
- 轻柔的质感、柔韧的枝秆，使其在新娘花饰中也堪称翘楚，可带去一抹朦胧的关照，体现含蓄之美；
- 这种少有的轻质素材很容易塑造云雾缭绕之感，在自然风格的现代花艺设计中也占有一席之地；
- 茎枝过细，因此适合用花泥固定，若用剑山插制则需要辅助支撑；
- 对于茎蔓较长的个体，则可进行缠绕、攀援等藤蔓式设计。

星点木

市场名：星点木

拉丁学名：*Dracaena godseffiana*
英　文　名：Gold-dust dracaena
花语花义：私语、金玉满堂
瓶　插　期：14–28天

花材特点

- 来自热带的美丽精灵，一层一层地向我们展现它的魔力，那黄、白斑驳的一轮叶片正是它舞动的梦之翼。

花艺应用

- 花叶的效果，使其在作品中能够体现变化、丰富层次，适宜为素材有限的作品提供多样性；
- 活泼的外形、跳跃的颜色，令其在喜庆欢乐的花艺设计中更能大显身手；
- 开散的小叶轮逐层分解开来，仿佛一个个竹蜻蜓，在充满童趣的作品中可以给人无限遐想；
- 单独的叶片还常用于胸花、腕花等小型服饰花的制作；
- 叶片本身就有翻卷的特点，十分适宜作卷圈造型，而铺陈、层叠等手法也会经常用到；
- 叶片相对较大，稍有缺水便下垂，在小枝上不易维持良好的观赏效果，若需整枝使用则作品陈设空间应保持较高的空气湿度。

保鲜要点

- 适宜的保鲜温度为12–15℃；
- 宜选叶片平整舒展，叶色饱和度好，无病斑、虫蚀的花材；
- 宜在浅水中贮存，避免风吹；
- 保持较高的空气湿度，定期向叶片喷水以补充散失的水分；
- 避免阳光直射，必要时须进行遮荫处理；
- 一旦脱水，可采取深水急救法进行处理。

色彩范围

市场供应期（月份）

1	2	3
4	5	6
7	8	9
10	11	12

洋常春藤

市场名 常春藤

拉丁学名：*Hedera helix*
英文名：Common ivy
花语花义：忠诚、友谊、感化、婚姻
瓶插期：14–21天

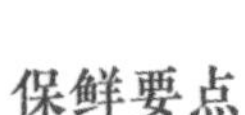
色彩范围

市场供应期（月份）

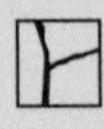

花材特点

- 三角五角的叶形、斑驳陆离的叶色、挺直修长的叶柄，当这些精致可爱的精灵三五成群神采飞扬地站立在枝蔓上，顿时便活泼了一串生机，带来了满枝欢喜。

花艺应用

- 枝蔓柔韧性好，呈一定弧度下垂，富于弹性，动感较强，是插花花艺下垂素材的佳选，可延展空间，增强动势；
- 叶片在枝蔓上着生具有一定方向性，使用前应先确定好正反方向，将其正面朝向观众；
- 小叶造型美观且不易脱水，宜单独剪取进行重组造型，在服饰花和铺陈设计中都是常用素材；
- 枝蔓颀长、飘逸，且易于盘旋、卷曲和缠绕，在自然风格和彰显手工及设计感的作品中都有不错的表现；
- 整枝应用时需注意花材本身的回弹力，必要时可用铁丝辅助造型或支撑；
- 没有叶片的裸蔓是制作花环骨架的好材料，还可用于编织，其成品干制后可长期存放备用。

保鲜要点

- 适宜的保鲜温度为2-5℃；
- 宜选叶色鲜亮、无病斑，无黄叶、烂叶、落叶，枝蔓较长且柔韧的花材；
- 通常该类商品都进行了专门的保鲜包装，使用前不宜打开包装，以免脱水；
- 瓶插水养时须经常向其喷水，以保持较高的空气湿度；
- 远离热源，避免风吹，及时去除烂叶或枯叶；
- 一旦脱水，可采取深水急救法进行处理。

野扇花

市场名：万年青/清香桂

拉丁学名：*Sarcococca ruscifolia*

英 文 名：Sarcococca

花语花义：长情

瓶 插 期：3–5天

色彩范围

市场供应期（月份）

1	2	3
4	5	6
7	8	9
10	11	12

花材特点

- 叶形小巧、革质、近菱形，互生于枝上，颇显伶俐可爱，是近年来投放市场的新型素材。

花艺应用

- 叶色翠绿鲜亮，宜在各类插花花艺创作中陪衬主花，营造背景层次；
- 寓意美好，宜在婚礼花艺和友情赠花中寄托情谊长久的美好祝福；
- 枝条多分枝，具自然弯曲的线条，进行中国传统插花创作时对其稍加修剪就能获得理想的枝条走势；
- 叶片革质有光泽，可用于粘贴、重叠、层叠、串连等造型；
- 单片叶经铁丝辅助支撑可用作胸花、头花等服饰花的制作。

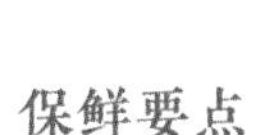

保鲜要点

- 适宜的保鲜温度为2-5℃；
- 宜选枝型优美，叶片平整，叶色鲜亮、有光泽，无黄叶或落叶，枝条挺直、有弹性的花材；
- 宜在浅水中贮存，保持良好的透气性；
- 去除下部叶片，勿令叶片沾到水；
- 远离热源，避免风吹。

银姬小蜡

市场名 银霜女贞

拉丁学名：*Ligustrum sinense* 'Variegatum'
英 文 名：Privet
花语花义：隐忍
瓶 插 期：7-10天

色彩范围

市场供应期（月份）

1	2	3
4	5	6
7	8	9
10	11	12

花材特点

- 新型枝材，叶片在小枝上对生，整齐地排成两列，叶面仿佛着了一层薄霜，阳光下散发着银色光辉，令人想到冬日大地银装素裹的情景。

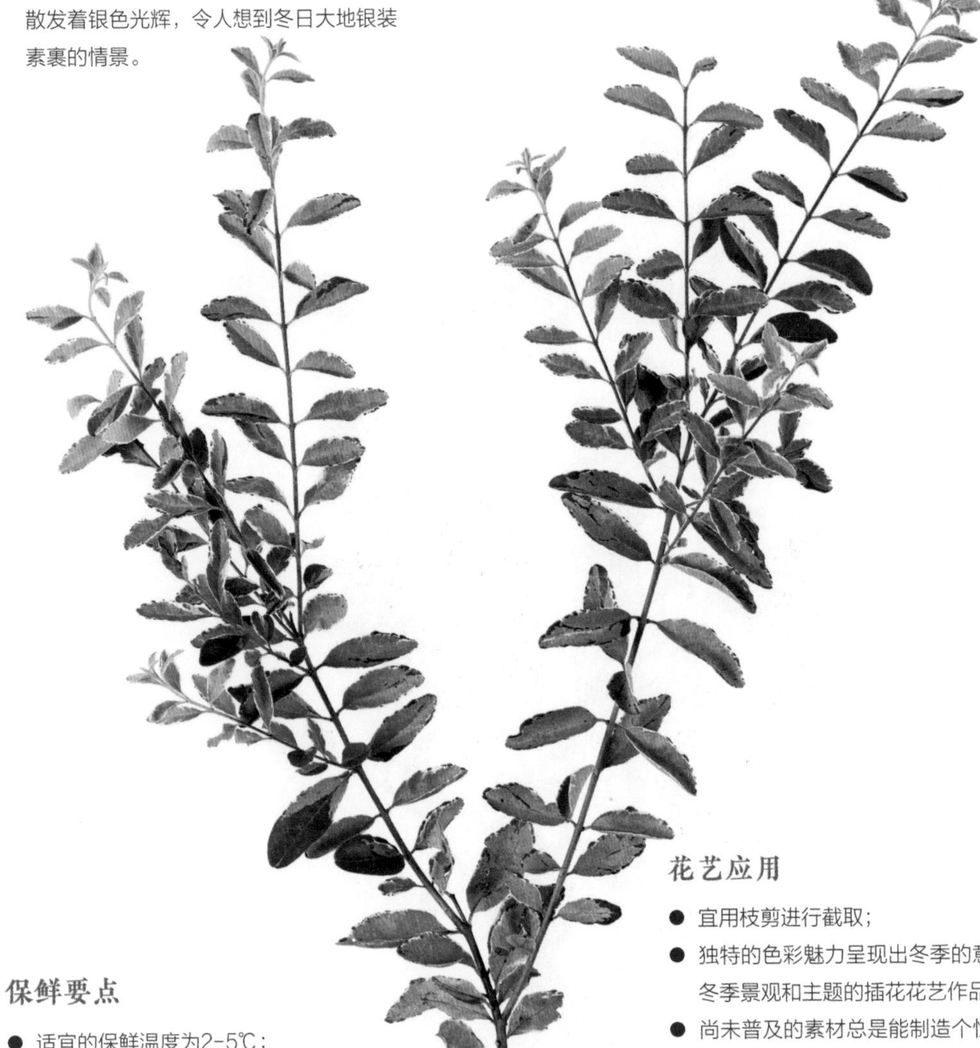

保鲜要点

- 适宜的保鲜温度为2-5℃；
- 宜选霜叶效果明显，叶片平整，无落叶，枝条挺直、不干硬的花材；
- 宜在浅水中贮存，保持良好的透气性；
- 去除下部叶片，勿令叶片沾到水；
- 远离热源，避免风吹；
- 不宜于暗处贮存。

花艺应用

- 宜用枝剪进行截取；
- 独特的色彩魅力呈现出冬季的意象，适宜表现冬季景观和主题的插花花艺作品；
- 尚未普及的素材总是能制造个性化和趣味点，可增加作品的时尚性，有助于提升品质；
- 叶片排列较为工整，不大适于中国传统插花的创作；
- 叶片革质有光泽，可用于粘贴、重叠、层叠、串连等造型；
- 单片叶经铁丝辅助支撑可用作胸花、头花等服饰花的制作。

银芽柳

市场名

棉花柳/银柳

拉丁学名：*Salix × leucopithecia*

英 文 名：Siverbud willow

花语花义：生命的光辉、银元广进

瓶 插 期：7–14天

色彩范围

市场供应期（月份）

1	2	3
4	5	6
7	8	9
10	11	12

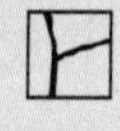

花材特点

- 一个个圆鼓鼓的银灰色芽苞整齐交错地排列在枝条上，成为春天的捷报，也带来了一年的好运气。

保鲜要点

- 适宜的保鲜温度为2–5℃；
- 宜选芽苞饱满、色泽鲜亮，枝条挺直、有弹性的花材；
- 芽苞易脱落，应小心取放；
- 芽苞勿沾水；
- 水养时枝条间应保持一定空隙，勿紧拥密置。

花艺应用

- 通常被染成各种新鲜亮丽的颜色，用于春节、元宵节等节庆的花艺布置，营造欢乐喜气的氛围；
- 笔直的线条外形给人以进取之势，使其适宜在作品中扩展竖向空间，增强向上的运动感；
- 人们还喜欢将其成丛散开做成小灌木状，将福袋、吉祥签、留言牌等小物件挂在上面，以开展节日的相关活动；
- 它的枝条不够柔韧，且芽苞很容易碰掉，因此不宜做盘曲、卷圈等变化造型；
- 染色过的花材容易掉色，使用时应注意，以免污染衣物。

银叶桉

市场名　尤加利

拉丁学名：*Eucalyptus cinerea*
英　文　名：Silver-leaf stringybark
花语花义：恩赐、回忆
瓶　插　期：10–14天

色彩范围

市场供应期（月份）

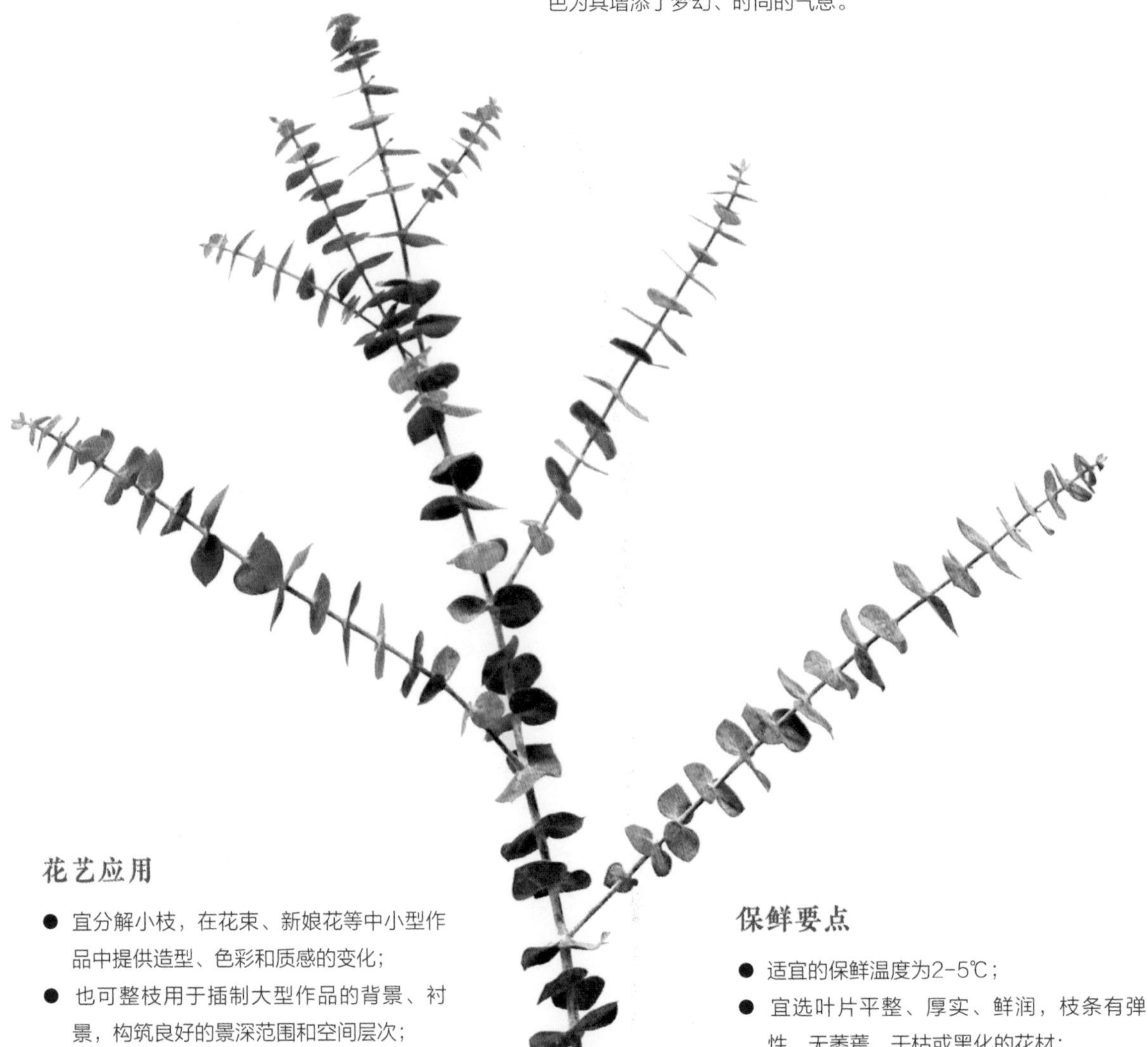

花材特点

- 常见的优质配材，规整、厚实的圆形叶被小枝串连成鱼骨状，在优美的弧线上形成整齐的节奏感，稀有的银灰色为其增添了梦幻、时尚的气息。

花艺应用

- 宜分解小枝，在花束、新娘花等中小型作品中提供造型、色彩和质感的变化；
- 也可整枝用于插制大型作品的背景、衬景，构筑良好的景深范围和空间层次；
- 也可单独剪取小叶，进行铺陈设计；
- 枝条较细，插制时容易晃动，通常须做辅助支撑以稳定枝型；
- 特有的芳香气味并不被所有人喜欢，使用时应注意；
- 分泌的树脂一旦沾到手上不易清理，使用前宜有所防护。

保鲜要点

- 适宜的保鲜温度为2–5℃；
- 宜选叶片平整、厚实、鲜润，枝条有弹性，无萎蔫、干枯或黑化的花材；
- 宜在浅水中贮存，保持较高的空气湿度，避免风吹；
- 去除下部叶片，勿令叶片沾到水；
- 小枝先端幼嫩的部分极易脱水萎蔫，可以去除；
- 可直接在阴凉处风干成干花使用。

小叶桉

市场名

小叶/细叶尤加利

拉丁学名：*Eucalyptus parvifolia*

英文名：Small-leafed gum

花语花义：体贴

瓶插期：7–10天

色彩范围

市场供应期（月份）

1	2	3
4	5	6
7	8	9
10	11	12

（深色格为供应月份：1、2、3、4、5、9、10、11、12；6、7、8为浅色）

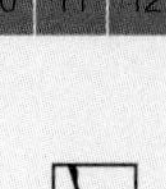

保鲜要点

- 适宜的保鲜温度为2-5℃；
- 宜选株型美观，叶片平整、新鲜、不干硬，枝条有弹性，无萎蔫、干枯或黑化的花材；
- 宜在浅水中贮存，保持较高的空气湿度；
- 去除下部叶片，勿令叶片沾到水；
- 水养时勿紧拥密置，避免向枝叶喷水；
- 远离热源，避免风吹。

花艺应用

- 体量适中，整枝适宜在大中型插花花艺作品中构筑中部空间层次；
- 分解小枝适宜作新娘手花、花束、花篮等礼仪插花的填充素材；
- 也可单独剪取小叶，进行精致首饰花的设计；
- 枝条较细，插制时容易晃动，通常须做辅助支撑以稳定枝型；
- 特有的芳香气味并不被所有人喜欢，使用时应注意；
- 分泌的树脂一旦沾到手上不易清理，使用前宜有所防护。

花材特点

- 叶片较小、水滴形、灰绿色，枝条细柔，适宜在为女士准备的作品中展现优雅、柔美的韵致。

银叶金合欢

市场名 合欢

拉丁学名：*Acacia podalyriifolia*
英 文 名：Queensland silver wattle
花语花义：友谊
瓶 插 期：10–14天

色彩范围

市场供应期（月份）

1	2	3
4	5	6
7	8	9
10	11	12

花材特点

- 近年来切花市场的新秀，有着奇特的背景，我们看到的卵形叶状物并不是叶片，她真正的叶子是羽状的复叶，但随着年龄的增长逐渐退化了，取而代之的是膨大变形了的叶柄。

花艺应用

- 对于粗壮的主枝，宜用月牙形的枝剪进行截取；
- 整枝体量较大，宜作大型空间花艺的打底素材；
- 分解小枝可用于中小型插花花艺创作，提供质感和色彩的多样性；
- 采用花泥固定时，应确保花泥中水分充足；
- 有小刺，使用时须留意。

保鲜要点

- 适宜的保鲜温度为2-5℃；
- 宜选枝叶茂密，叶面无损伤、病斑，无黄叶、落叶，枝条挺实而有弹性的花材；
- 宜在浅水中贮存，保持一定的空气湿度；
- 去除下部叶片，勿令叶片沾到水；
- 远离热源，避免风吹。

羽衣甘蓝

市场名
叶牡丹／芸苔

拉丁学名：*Brassica oleracea* var. *acephala*
英 文 名：Ornamental cabbage
花语花义：华美、祝福
瓶 插 期：10—15天

色彩范围

市场供应期（月份）

1	2	3
4	5	6
7	8	9
10	11	12

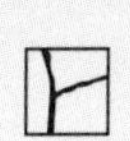

花材特点

- 虽有甘蓝之名，却不能吃，虽无花朵之实，却尤胜其美，如此尴尬的叶子，如此美丽的心思，任谁一旦洞悉都会倍加珍重的吧。

保鲜要点

- 适宜的保鲜温度为2-10℃；
- 宜选叶座紧实、饱满，色彩鲜润，无病斑、黄叶，茎秆挺直、基部未褐变，有一定重量感的花材；
- 粗茎离水极易干枯，宜在深水中贮存，并补充适量营养液；
- 为保证茎叶充分吸水，须将茎秆基部剪切成长5cm左右的斜截面，以扩大吸水面；
- 容易产生不良气味，须勤换水，并及时去除下部黄叶；
- 须避免阳光直射。

花艺应用

- 对于粗壮的茎秆，宜用月牙形的枝剪进行截取；
- “花”头较大，“花”枝较重，体量感强，适宜大型插花创作或空间花艺布置，宜插制在作品构图的下部，便于形成焦点、稳定重心；
- “花”型酷似牡丹，且复色艳丽，给人华丽、隆盛、富贵之感，适宜各种喜庆场合，常以金粉修饰，令其倍显尊贵；
- 耐寒性好，是冬季冷凉空间花艺设计的首选；
- 若要留取较长茎秆，则宜直立插制，不宜倾斜，最好进行辅助支撑，并利用其它花材对裸露的茎秆做好遮挡；
- 叶片虽美但易脱水皱缩，因此不宜分解使用。

鸳鸯茉莉

市场名 鸳鸯茉莉

拉丁学名：*Brunfelsia latifolia*
英 文 名：Broadleaf raintree
花语花义：光阴
瓶 插 期：7–10天

色彩范围

1	2	3
4	5	6
7	8	9
10	11	12

市场供应期（月份）

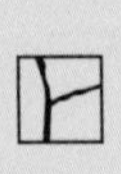

花材特点

- 花色初始为紫色最后逐渐变为白色，开花不同时，通常一个枝条上同时会有两种颜色的花朵，因此得名，但用于插花的并不在于花朵，而是其翠绿茂密的枝叶。

花艺应用

- 对于粗壮的主枝，宜用月牙形的枝剪进行截取；
- 枝繁叶茂，十分适宜作插花花艺的打底素材；
- 适宜密满隆盛的花艺设计，给人浓郁的簇拥感；
- 用于中国传统插花时，须对枝条进行细心修剪，并疏除过密的叶片，以获得理想姿态；
- 小叶丛可用作头花、胸花、腕花等服饰花造型。

保鲜要点

- 适宜的保鲜温度为10–15℃；
- 宜选枝叶茂密，叶色鲜亮，叶面无损伤、病斑，无枯叶、落叶，枝条较长而挺实的花材；
- 宜在浅水中贮存，保持一定的空气湿度；
- 去除下部叶片，勿令叶片沾到水；
- 远离热源，避免风吹；
- 及时去除残花。

珍珠绣线菊

市场名

雪柳/喷雪花

拉丁学名：*Spiraea thunbergii*

英 文 名：Thunberg's meadowsweet

花语花义：可爱、自由

瓶 插 期：7–10天

色彩范围

市场供应期（月份）

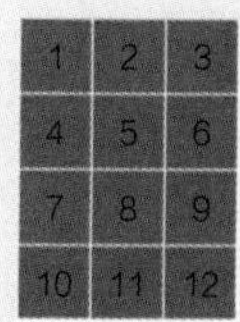

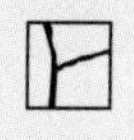

花材特点

- 有花无花皆可观，有花时状若春雪挂枝，无花时状若细柳扶风，身姿婀娜，体态轻盈，富有动感。

花艺应用

- 细枝、小叶、点点琼花，这种小尺度的木本素材很适宜在现代花艺中传递自然、活泼的气息，更适宜在中式插花中“以小见大”来表现大尺度的景观效果；
- 小枝虽线条柔美，但多有交错，略显繁杂，因此使用前须对其进行细心的修剪整形，方可获得理想效果；
- 小枝过细不便固定，因此宜带有一段主枝进行插制；
- 花序着生和花朵朝向具有明显的方向性，在使用前一定要先确定好枝条的正反面，将花儿最美的表情朝向观众；
- 小花花瓣容易掉落，因此不宜用来装饰餐桌；
- 枝条上皮层自然剥落，十分粗糙，使用时需加以留意。

保鲜要点

- 适宜的保鲜温度为2-5℃；
- 宜选花色洁白、花蕾较多，或者叶片鲜绿、无褐斑，无落叶，枝条强健的花材；
- 宜在深水中贮存，避免阳光直射，避免风吹；
- 去除下部叶片，勿令叶片沾到水；
- 为保证枝条充分吸水，可将枝条基部做“十”字剪口处理；
- 及时去除开败的小花。

栀子

市场名 栀子叶

拉丁学名：*Gardenia jasminoides*
英文名：Gardenia
花语花义：悦
瓶插期：14–28天

色彩范围

1	2	3
4	5	6
7	8	9
10	11	12

市场供应期（月份）

花材特点

- 常见的优质配材，价格低廉，市场供求量大；枝叶茂密、常绿，叶面光亮，叶脉凹陷，低调而有个性，天生的好配角。

花艺应用

- 虽偶有花苞，但多用其枝叶效果，在插花花艺创作中作为配材使用，几乎适合所有场合与风格的创作，可谓百搭花材；
- 在中式插花中，若要表现线条美，则须精心修剪方可获得理想的枝势；
- 枝条柔韧、可塑性强，可通过按摩处理改变其姿态，创造弧线的弯曲造型；
- 叶片耐修剪，若体量过大，可直接裁剪到适合大小；
- 成熟叶片革质化较高，不易脱水，可单独取用作铺陈、层叠、重叠、串连等造型；
- 粗度适宜的主枝还是做“撒”的好材料。

保鲜要点

- 适宜的保鲜温度为2-5℃；
- 宜选枝叶茂密，叶片浓绿、光洁、无病斑，无黄叶，枝条柔韧有弹性的花材；
- 宜在浅水中贮存，保持较高的空气湿度，避免风吹，必要时可向叶片喷水以补充散失的水分；
- 用半湿毛巾擦拭叶面，可使叶片愈发光亮润泽；
- 先端幼嫩的叶片和顶芽极易脱水，可预先摘除；
- 一旦脱水，可采取深水急救法进行处理。

朱蕉

市场名　红竹

拉丁学名：*Cordyline fruticosa*

英文名：Cordyline

花语花义：好运、热情、青春永驻

瓶插期：14–30天

色彩范围

市场供应期（月份）

1	2	3
4	5	6
7	8	9
10	11	12

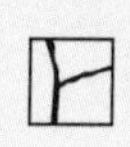

花材特点

- 常见的彩叶素材，茎秆通直清瘦，叶若雀翎凤羽，绿有君子风度，紫有名门贵相，值于净水便能获得新生，是可长期水养观赏的良材。

保鲜要点

- 适宜的保鲜温度为12-15℃；
- 宜选叶丛饱满，叶色鲜艳有光泽，叶面无折痕、病斑，无枯叶，茎秆挺直、无弯曲的花材；
- 宜在浅水中贮存，保持一定的空气湿度，避免风吹；
- 须放置于温暖的环境中，但要远离热源；
- 水养易生根，可补充适量营养液，以促发新叶；
- 及时去除茎秆基部褐变的部分，以及受伤或干枯的叶片。

花艺应用

- 株体较高，茎秆直立，叶片在先端开展成丛，在大型的插花作品或空间花艺设计中常用作背景或挑高元素；
- 宜用作螺旋式花束的骨架，可便于主花分布与插制，起到良好的划分空间与饱满花型的作用；
- 叶片狭长，常作卷圈造型，可以获得新颖别致的造型效果；
- 新叶幼嫩，常被摘去，而换作月季等团块形花材填充在叶丛中央，组合应用；
- 叶柄较长且利于支撑，可单叶剪取进行插制，或重组造型；
- 单纯的叶片（去除叶柄）也常用于铺陈、卷圈等设计，或进行胸花、腕花等服饰花制作。

欢迎光临花园时光系列书店

花园时光微店

扫描二维码了解更多花园时光系列图书

购书电话：010-83143571